建筑工程质量管理与造价控制策略研究

王梓菡 丛纪伟 王洪宾 著

哈尔滨出版社
HARBIN PUBLISHING HOUSE

图书在版编目（CIP）数据

建筑工程质量管理与造价控制策略研究 / 王梓菡，丛纪伟，王洪宾著． -- 哈尔滨：哈尔滨出版社，2025.4． -- ISBN 978-7-5484-8523-0

Ⅰ．TU712.3

中国国家版本馆 CIP 数据核字第 2025XL1700 号

书　　名：建筑工程质量管理与造价控制策略研究
JIANZHU GONGCHENG ZHILIANG GUANLI YU ZAOJIA KONGZHI CELÜE YANJIU

作　　者：王梓菡　丛纪伟　王洪宾　著
责任编辑：魏英璐
出版发行：哈尔滨出版社（Harbin Publishing House）
社　　址：哈尔滨市香坊区泰山路 82-9 号　邮编：150090
经　　销：全国新华书店
印　　刷：北京鑫益晖印刷有限公司
网　　址：www.hrbcbs.com
E - mail：hrbcbs@yeah.net
编辑版权热线：（0451）87900271　87900272
销售热线：（0451）87900202　87900203
开　　本：787mm×1092mm　1/16　印张：11.5　字数：184 千字
版　　次：2025 年 4 月第 1 版
印　　次：2025 年 4 月第 1 次印刷
书　　号：ISBN 978-7-5484-8523-0
定　　价：58.00 元

凡购本社图书发现印装错误，请与本社印制部联系调换。

服务热线：（0451）87900279

前　言

在当今城市化进程加速、建筑行业蓬勃发展的背景下,建筑工程质量管理与工程造价作为项目管理的两大核心要素,其重要性日益凸显。两者虽各自独立,却又紧密相连,共同构成了建筑工程项目成功的基石。建筑工程质量管理,是确保项目达到预期功能、满足设计要求、符合相关标准的关键过程。它贯穿于项目规划、设计、施工、验收及运维等全流程,旨在通过科学的管理方法和技术手段,实现工程质量的全面控制。质量管理的核心在于预防与纠正,即通过事前的策划与准备,减少质量问题的发生;通过事中的监督与检查,及时发现并纠正质量问题;通过事后的评估与反馈,持续改进质量管理体系,确保工程质量的稳步提升。

而工程造价,则是建筑工程项目经济性的重要体现。它涉及项目从决策到实施再到结算的全过程,包括投资估算、设计概算、施工图预算、招标控制价、合同价以及结算价等多个阶段。工程造价管理的目标在于合理确定和控制工程造价,确保项目在既定的投资范围内顺利完成,同时实现经济效益的最大化。

本书共分为九章,系统阐述了建筑工程质量管理与工程造价的核心理念与实践应用。第一章至第三章深入介绍了建筑工程质量管理的基本概念、理论基础及施工技术与质量控制方法,强调质量管理的全面性和施工技术的关键性。第四章至第五章聚焦建筑材料的质量管理和工程检测验收流程,确保材料合规与工程质量的可追溯性。第六章至第九章则转向工程造价与经济分析,探讨投资决策、项目管理与造价控制的策略,以及合同管理与造价管理的协同机制,为建筑工程项目的经济性与质量双重保障提供全面指导。

目　　录

第一章　建筑工程质量管理与工程造价概述 …………………… 1
- 第一节　建筑工程质量管理的基本概念 ………………………… 1
- 第二节　工程造价的定义与重要性 ……………………………… 5
- 第三节　建筑工程质量管理与工程造价的关系 ………………… 8

第二章　建筑工程质量管理的理论基础 ………………………… 11
- 第一节　全面质量管理理论 ……………………………………… 11
- 第二节　PDCA 循环在质量管理中的应用 ……………………… 15
- 第三节　质量控制与质量保证体系 ……………………………… 21
- 第四节　建筑工程质量管理的特点与挑战 ……………………… 28

第三章　建筑工程施工技术与质量控制 ………………………… 32
- 第一节　施工技术对工程质量的影响 …………………………… 32
- 第二节　新型施工技术在质量控制中的应用 …………………… 36
- 第三节　施工技术方案的比选与优化 …………………………… 42
- 第四节　施工过程中的质量控制要点 …………………………… 46

第四章　建筑材料与质量管理 …………………………………… 52
- 第一节　建筑材料的质量要求与检验标准 ……………………… 52
- 第二节　新型建筑材料在质量管理中的应用 …………………… 58
- 第三节　建筑材料采购与库存管理 ……………………………… 63
- 第四节　建筑材料的质量追溯与责任追溯 ……………………… 70

第五节 建筑材料的环保与可持续发展 …………………………… 75

第五章 建筑工程检测与验收 …………………………………………… 81

第一节 建筑工程检测的目的与方法 …………………………… 81
第二节 建筑工程质量验收的标准与程序 ……………………… 88
第三节 隐蔽工程与分项工程的验收 …………………………… 93
第四节 建筑工程竣工验收与备案管理 ………………………… 97
第五节 建筑工程检测与验收中的问题与对策 ………………… 99

第六章 建筑投资项目经济分析与评价 ………………………………… 104

第一节 投资项目的资金时间价值及等值计算 ………………… 104
第二节 投资方案的比选与决策 ………………………………… 106
第三节 不确定性与风险分析在投资决策中的应用 …………… 110
第四节 价值工程在建筑工程项目中的应用 …………………… 114

第七章 建筑工程项目管理与质量控制 ………………………………… 117

第一节 建筑工程项目管理的组织与流程 ……………………… 117
第二节 建筑工程项目进度管理与质量控制 …………………… 120
第三节 建筑工程项目风险管理与应对策略 …………………… 123
第四节 建筑工程项目变更与索赔管理 ………………………… 127

第八章 建筑工程造价的构成与计价 …………………………………… 131

第一节 建筑工程造价的构成要素分析 ………………………… 131
第二节 建筑工程造价的计价原则与方法 ……………………… 135
第三节 建筑工程造价的估算与预算 …………………………… 138
第四节 建筑工程造价的动态调整与结算 ……………………… 141
第五节 建筑工程造价的审查与审计 …………………………… 145

第九章 建筑工程合同管理与造价管理 ………………………………… 149

第一节 建筑工程合同的类型与特点 …………………………… 149

第二节 建筑工程合同的签订与履行管理 …………………… 154
第三节 建筑工程合同中的造价条款与风险控制 …………… 159
第四节 建筑工程合同的索赔与争议解决 …………………… 163
第五节 建筑工程合同管理与造价管理的协同作用 ………… 168

参考文献 ………………………………………………………… 174

第一章 建筑工程质量管理与工程造价概述

第一节 建筑工程质量管理的基本概念

一、建筑工程质量管理的概念

（一）定义与性质

建筑工程质量管理，简而言之，是为实现建筑产品既定功能、满足设计要求及用户期望，而实施的一系列有计划、有组织、有控制的管理活动。这一过程不仅涉及对物质材料、技术工艺的直接管理，还涵盖了人员组织、信息传递、资源调配等多个层面。其核心在于通过科学的管理手段，如质量控制图、统计过程控制（SPC）、故障模式与影响分析（FMEA）等，确保工程质量的合理性与可靠性，进而保障建筑产品的安全性、耐久性和经济性。

质量管理的性质体现在其综合性、预防性和动态性上，综合性意味着质量管理需要综合考虑设计、施工、材料、设备等多个因素，形成全方位的管理体系；预防性则强调通过事前规划、风险评估和预防措施，避免质量问题的发生；动态性则要求质量管理活动随工程进度不断调整优化，以适应不断变化的项目条件和环境。

（二）广义与狭义

建筑工程质量管理在概念上可划分为广义与狭义两个维度。广义的质量管理涵盖了与建筑工程相关的所有方面包括工作质量、工序质量、设计质量、材料质量、环境质量等，是一个全方位、多层次的管理体系。这种视角下的质量管理，不仅关注最终产品的实体质量，还重视过程中的每一个环节，旨在通过提升整体工作质量来确保最终产品的质量。相比之下,狭义的质量管理则更加聚焦于施工环节,特指对施工过程中的质量控制与管理,包括施工工艺的选择、施工操作的规范、施工质量的检验与评定等。狭义的质量管理是广义质量管理的重要组成部分,也是实现工程质量目标的关键环节。它强调对施工过程的直接监控和调节,以确保施工活动符合设计要求和质量标准。

(三)质量标准的制定

质量标准是建筑工程质量管理的核心依据,它明确了工程质量应达到的水平,为质量控制提供了量化的衡量尺度。在中国,针对房屋建筑和构筑物的勘察设计、物资供应、施工安装和使用维修等各个环节,国家、行业和企业层面分别制定了一系列标准,包括技术规范、规程和规定。这些标准不仅体现了对工程质量的基本要求,还反映了行业发展的最新技术和最佳实践。

质量标准的制定遵循科学性、适用性和前瞻性的原则。科学性要求标准基于科学研究和实践经验,确保标准的合理性和准确性;适用性强调标准应适应不同地区、不同类型工程的特点,具有可操作性和实用性;前瞻性则要求标准能够预见行业发展趋势,引导技术进步和创新。

二、建筑工程质量管理的重要性

(一)对经济效益的影响

从短期经济效益来看,高质量的建筑工程能够有效减少因质量问题导致的返工、维修和改造等额外成本支出。在建筑施工过程中,严格的质量控制可以确保各道工序符合设计要求,避免因材料不合格、施工工艺不当或设计缺陷等问题引发的质量事故,从而节省了大量的后期修复费用。此外,高质量的建筑工程往往能够更快地通过验收并投入使用,缩短了建设周期,提高了资金的使用效率。从长期经济效益的角度考虑,高质量的建筑工程能够显著延长建筑物的使用寿命,减少因老化、损坏而频繁进行的维修和更换,从而降低了长期运营成本。对于商业建筑而言,良好的质量还意味着更高的出租率和租金水平,以及更稳定的租户关系,这些都直接转化为经济收益。

(二) 对社会效益与环境效益的影响

从社会效益的角度看,低劣的建筑质量可能引发严重的安全隐患,如结构不稳定、消防设施不全等,这些都可能威胁到居民的生命财产安全,进而引发社会恐慌和形成不稳定因素。高质量的建筑则能为居民提供安全、舒适的生活环境,提升社会整体的居住品质和生活幸福感,促进社会和谐。环境效益方面,建筑工程质量对环境的影响不容忽视。劣质工程可能导致资源浪费、能源效率低下以及环境污染等问题。例如,不合格的保温隔热材料会增加能耗,不合理的排水系统可能引发水土流失和生态破坏。相反,高质量的建筑工程会采用环保材料和技术,注重节能减排和生态保护,减少对自然资源的消耗和环境的破坏,促进人与自然的和谐共生。

(三) 对企业发展的影响

质量是企业的生命线,对于建筑企业而言,高质量的建筑工程是其核心竞争力的直接体现。首先,高质量的工程能够显著提升企业的品牌形象和市场声誉,增强客户对企业的信任和依赖,为企业在激烈的市场竞争中赢得更多的市场份额。其次,高质量的建筑工程是企业技术实力和管理水平的综合反映,它不仅能够吸引和留住优秀人才,还能够促进企业内部的技术创新和管理升级,为企业的持续发展提供强大的动力。更重要的是,高质量的建筑工程能够为企业带来长期的发展机遇。在"一带一路"倡议等国际化战略背景下,中国建筑企业正越来越多地参与到全球基础设施建设和房地产开发中。高质量的工程项目不仅是中国建筑品牌的展示窗口,也是企业拓展海外市场、提升国际影响力的关键。

三、建筑工程质量管理的范围

(一) 决策阶段的质量管理

决策阶段是工程项目质量管理的起点,也是决定项目成败的关键环节。在这一阶段,项目管理者需对项目进行全面的可行性研究,包括市场分析、技术评估、经济评价以及环境影响评价等。这些研究旨在确保项目在技术上可行、经济上合理、环境上可持续,从而为项目的后续实施奠定坚实的基础。在决策阶段的质量管理中,重点应放在以下几个方面:一是明确项目的质量目标和定位,确保项目满足利益相关者的需求和期望;二是进行详尽的风险分析,识别并评估可能影响项目质量的各种风险因素,制定相应的风险应对策略;三是建立项目质量管理体系,明确质量管理流程、责任分工和质量控制标准,为项目的全过程质量管理提供制度保障。

(二)勘察设计阶段的质量管理

勘察设计阶段是工程项目质量管理的关键环节,它直接决定了工程施工的依据和蓝图。在这一阶段,勘察工作的质量至关重要,必须确保勘察资料的可靠性、准确性和完整性,为设计提供坚实的数据支撑。同时,设计方案的制定应充分考虑项目的功能需求、结构安全、施工工艺以及经济性等多个方面,确保设计方案既符合技术要求又具备经济可行性。勘察设计阶段的质量管理还应包括设计文件的复核与审查。这包括对设计图纸、说明、计算书等设计文件的全面检查,确保设计内容无遗漏、无错误,且符合相关标准和规范。此外,勘察设计阶段还应进行功能、结构、工艺、经济和标准化等多方面的审查,确保设计方案的最优化和可实施性。

(三)施工阶段的质量管理

项目管理者应根据工程特点和施工条件,制定详细的施工组织设计方案,包括施工流程、施工方法、施工机械选择、人员配置等,确保施工过程的顺利进行。同时,施工阶段的质量管理还应严格控制工程材料和施工工艺。对进场的原材料、构配件和设备进行严格的检验和验收,确保其质量符合设计要求和相关标准。在施工过程中,应加强对施工工艺的控制和监督,确保施工操作符合规范,避免出现质量通病和安全隐患。此外,还应合理安排施工进度,确保施工过程中的质量、进度和成本三者之间的协调与平衡。

(四)竣工验收阶段的质量管理

竣工验收阶段是工程项目质量管理的最后一道关口,也是对项目质量的最终检验。在这一阶段,项目管理者应按照相关标准和规范对工程进行全面检查,包括工程质量、功能、安全、环保等多个方面。通过检查,评定工程的质量等级,确保工程符合竣工标准并满足设计要求。竣工验收阶段的质量管理还应注重对工程资料的整理和归档。项目管理者应收集、整理并归档所有与工程质量相关的资料,包括施工图纸、设计变更、施工记录、质量检验报告等,为工程的后续维护和管理提供依据。同时,还应加强对竣工验收过程的监督和管理,确保验收工作的公正、客观和准确性。对于验收中发现的质量问题,应及时进行整改和处理,确保工程质量的最终达标。

第二节 工程造价的定义与重要性

一、工程造价的定义与内涵

(一)工程造价的基本定义

工程造价,作为工程项目管理中的一个核心概念,指的是进行某项工程建设所花费的全部费用。这一概念涵盖了从项目决策、设计、施工到竣工交付使用的全过程,涉及土地、设备、技术劳务、承包等多个市场环节的费用支出。从广义上讲,工程造价包括投资者为建设一项工程所需全部固定资产投资费用和无形资产投资费用之总和;从狭义上讲,工程造价则指建筑安装工程的价格和建设工程总价格,即建筑企业为建设一项工程进行施工生产经营活动所形成的工程建设总价格。

(二)工程造价的构成要素

工程造价的构成要素复杂多样,主要包括直接费用(人工、材料及设备、施工机具使用费)、间接费用(企业管理费、规费、利润等)、税金等。其中,直接费用是构成工程造价的主体部分,直接反映了工程建设过程中的物质消耗和人力成本;间接费用则体现了企业在组织和管理施工活动中的费用支出;税金则是按照国家规定必须计入工程造价的税费部分。这些要素共同构成了工造价的全部内容,为工程项目的成本控制和经济效益分析提供了重要依据。

(三)工程造价的计价特点

工程造价的计价特点主要体现在以下几个方面:一是单件性,即每个工程项目都是独一无二的,其造价也各不相同;二是多次性,工程造价在工程项目的不同阶段需要多次计价,如投资估算、设计概算、施工图预算、竣工决算等;三是组合性,工程造价是由多个分项工程、分部工程乃至单位工程的造价组合而成的;四是方法多样性根据工程项目的特点和要求,可以采用不同的计价方法和模型进行造价计算。

二、工程造价的重要性分析

(一)工程项目投资决策的理性基石

在工程项目管理的初期阶段,投资决策作为项目生命周期的起点,其合理性与准确性直接关乎项目的成败。工程造价,作为量化投资项目经济性的关键指标,为投资者提供了评估项目可行性与经济性的重要依据。通过详尽的工程造价估算,投资者能够清晰地洞察项目所需的总投资规模、资金流动情况以及预期的经济回报。这一过程不仅涉及对直接成本(如材料、人工、设备等)的精确计算,还涵盖了间接成本(如管理费用、设计费用、风险准备金等)的合理预估。工程造价的准确性,直接关系到投资回报率(ROI)的预测精度,进而影响投资者的决策质量。一个精确且合理的工程造价估算,能够帮助投资者规避因信息不对称或误判而导致的投资风险,确保投资决策的科学性与稳健性。工程造价的合理性还直接影响投资者的风险承担能力。在项目投资决策中,投资者需权衡投资规模与自身资金实力的匹配度,以及项目风险与收益之间的平衡。工程造价的准确评估,为投资者提供了评估项目风险边界的清晰框架,有助于其制定合理的风险应对策略,确保在追求收益的同时,能够有效控制和管理潜在的风险。

(二)工程项目成本控制的精密工具

成本控制是工程项目管理中的核心任务之一,它直接关系到项目的经济效益与资源利用效率。工程造价管理，作为成本控制的重要手段，通过预算制定、成本核算与费用控制等一系列精细化管理活动，确保项目成本在预算框架内得到有效控制。具体而言，工程造价管理通过细化成本项，建立详细的成本预算体系，为项目执行过程中的成本控制提供了明确的基准线。同时，通过实时的成本监控与定期的成本核算，项目管理者能够及时发现成本偏差，采取相应措施进行纠正，有效避免成本超支与资源浪费。工程造价管理的动态性，使其能够根据项目进展与外部环境的变化，灵活调整成本预算与控制策略，确保成本控制的有效性与适应性。此外，通过工程造价管理，项目团队还能更科学地分配资源，优化资源配置，提高资源使用效率，进而提升项目的整体经济效益与社会效益。

（三）工程项目质量管理的经济支撑

工程质量是工程项目的生命线，而工程造价则是确保工程质量的经济基础。高质量工程项目的实施，往往需要投入更多的资源与成本，包括高质量的材料、先进的施工技术与严格的质量控制措施。合理的工程造价，为工程项目提供了充足的经济支撑，确保在质量方面能够得到充分的投入与保障。通过工程造价的合理安排与分配，项目管理者能够确保关键质量环节得到足够的资金支持，避免因资金短缺而导致的质量妥协或安全隐患。同时，工程造价管理还通过经济手段激励施工单位加强质量管理意识，提升施工质量和水平。例如，通过设立质量奖金、质量保证金等机制，将工程质量与施工单位的经济利益直接挂钩，从而激发施工单位提升工程质量的积极性与主动性。

（四）工程项目市场竞争的战略杠杆

在市场经济条件下，工程项目市场的竞争日益激烈，工程造价作为项目投资费用的总和，直接决定了项目在市场上的竞争力与中标概率。一个合理且具有竞争力的工程造价，能够吸引更多的潜在投资者与承包商参与竞争，促进市场的繁荣与发展。具体而言，合理的工程造价能够体现项目的性价比优势，使项目在招标过程中更具吸引力，增加中标的机会。同时，工程造价的透明度与公开性，也是维护市场竞争公平性与公正性的重要保障。通过公开透明的工程造价信息,可以减少信息不对称导致的市场失灵现象,促进市场资源的有效配置与优化组合。此外,工程造价还成为工程项目市场竞争策略的重要组成部分。项目管理者可以通过灵活调整工程造价结构,如优化成本构成、提高成本效益比等,来增强项目的市场竞争力。例如,在保证工程质量的前提下,通过技术创新与管理创新降低施工成本,从而提供更具竞争力的工程造价报价,赢得市场份额与客户信任。

第三节 建筑工程质量管理与工程造价的关系

一、工程质量管理与工程造价的相互影响

(一)工程造价对工程质量的影响

1. 资源投入

高工程造价往往意味着更充足的资金用于购买高质量的材料、设备以及聘请专业的施工队伍。这些高质量的资源投入,为工程质量的提升提供了物质保障,相反,低工程造价可能导致资源投入不足,使用劣质材料、简化施工工序等,从而影响工程质量。

2. 施工条件

充足的工程造价可以为工程项目提供良好的施工条件,如合理的工期安排、完善的施工设施与安全保障措施等。这些条件有助于施工队伍更好地执行施工计划,确保工程质量达到预期标准。

3. 质量控制

高工程造价往往伴随着严格的质量控制措施与检测标准。通过增加质量检测频次、采用先进的检测技术等手段,可以及时发现并纠正施工过程中的质量问题,确保工程质量符合设计要求。

（二）工程质量对工程造价的反馈作用

1. 成本变化

工程质量不达标往往需要进行返工、维修等补救措施，这些措施将产生额外的费用开支，从而导致工程造价的增加。相反，高质量的工程项目可以减少返工与维修成本，有利于控制工程造价。

2. 经济效益

工程质量是工程项目经济效益的重要保障。高质量的工程项目能够提升建筑物的使用价值与市场竞争力，从而带来更高的经济收益。反之，工程质量低劣可能导致建筑物使用寿命缩短、使用功能受限等问题，降低项目的经济效益。

3. 市场信誉

工程项目的质量水平直接影响建设单位的市场信誉。高质量的工程项目能够提升建设单位的品牌形象与市场竞争力，从而为其带来更多的市场机会与业务合作。相反，质量低劣的工程项目可能损害建设单位的市场信誉，影响其长期发展。

二、工程质量管理与工程造价的协调与控制

（一）设计阶段的协调与控制

设计阶段是工程项目管理的重要阶段，也是实现工程质量管理与工程造价协调与控制的关键环节。可以通过采用先进的技术与材料、优化结构设计、减少施工难度等措施来降低工程造价。同时，还可以通过加强设计审查与质量控制来确保设计方案的合理性与可行性。

（二）施工阶段的协调与控制

通过制订详细的施工计划与成本预算、加强施工过程的质量控制与安全管理、采用先进的施工技术与设备等措施来降低施工成本并提高工程质量。同时，还可以通过加强施工现场的管理与协调来确保施工进度与质量的协调一致。

（三）竣工验收阶段的协调与控制

在竣工验收阶段，需要严格按照设计要求与验收标准对工程项目进行全面检查与评估。通过加强竣工验收的质量控制与安全管理来确保工程项目的质量达标与安全可靠。同时，还需要对工程项目的造价进行最终核算与评估，以验证工程造价的合理性与准确性。

三、工程质量管理与工程造价的统一性

（一）管理目标的统一性

尽管工程质量管理与工程造价在项目管理中扮演着不同的角色，但它们的管理目标在本质上是统一的。具体而言，它们都以提升工程项目的整体效益为最终目标。工程质量管理的目标是通过确保工程质量来满足业主的使用需求与期望，而工程造价管理的目标是通过合理控制成本来提高项目的经济效益。这两个目标相辅相成，共同推动工程项目的成功实施。

（二）决策过程的协同性

工程质量管理与工程造价需要密切协同。例如，在项目投资决策阶段，投资者需要在工程项目管理的决策过程中，要在考虑工程质量要求的同时，合理评估工程造价水平，以确保项目的经济可行性与质量达标。在设计阶段，设计者需要在满足工程质量要求的前提下，优化设计方案以降低工程造价。在施工阶段，施工单位需要在保证工程质量的同时，合理控制施工成本以提高项目的经济效益。

（三）信息共享与资源整合

为了实现工程质量管理与工程造价的统一性，需要加强两者之间的信息共享与资源整合。具体而言，可以通过建立项目管理系统或信息平台，实现工程质量管理与工程造价数据的实时共享与交互。这有助于项目管理者更全面地了解项目进展与成本变化情况，从而做出更加科学合理的决策。同时，还可以通过整合项目资源、优化资源配置等手段，提高工程质量与降低工程造价。

第二章　建筑工程质量管理的理论基础

第一节　全面质量管理理论

一、全面质量管理的定义与重要性

全面质量管理（TOTAL QUALITY MANAGEMENT，缩写 TQM）作为一种高度集成且系统性的管理模式，其核心理念植根于全员参与、全过程质量控制及持续性的改进机制之中，旨在实现工程质量与施工效益的双重最优化。在建筑工程这一关乎公共安全与民生福祉的关键领域，施工质量不仅是衡量工程成败的硬性指标，更是确保工程结构安全性、功能可靠性与使用寿命的基石。因此，全面质量管理的引入与实施显得尤为迫切与重要。该管理模式不仅局限于施工阶段的质量监控与验收，而且将质量管理的触角延伸至工程设计的创意构思、材料的精挑细选、施工组织的周密规划以及项目管理的精细执行等每一个环节，构成了一个全方位、多层次的质量保障体系。全面质量管理强调，所有参与方——包括设计单位、施工单位、监理单位及业主等，均需深刻理解并切实履行各自的质量管理职责，确保施工流程中的每一项作业、每一个细节均严格遵循既定的质量管理标准与规范，从而实现从源头到终端的全程质量控制，有效规避质量风险，提升工程整体品质。通过构建这样一种全面覆盖、全员参与且持续改进的质量管理体系，建筑工程领域能够更有效地应对复杂多变的施工环境，确保工程质量稳步提升，进而促进建筑行业的可持续发展与良性循环。

二、全面质量管理的基本观点

(一)质量第一的观点

"百年大计、质量第一"这一核心理念,构成了建筑工程推行全面质量管理的坚实思想基石与价值导向。在建筑工程领域,工程质量不仅是衡量项目成功与否的关键标尺,更是关乎国家经济发展脉络与民众生命财产安全的重要防线。其优劣直接影响着建筑物的使用寿命、功能发挥以及社会经济的稳定与增长,是国民经济健康运行不可或缺的一环。同时,工程质量也是施工企业信誉与品牌形象的直接体现,优质工程能够显著提升企业的市场竞争力,赢得社会广泛认可与信赖,从而为企业带来长远的经济效益与良好的发展前景。反之,质量问题则可能导致企业信誉受损,甚至面临诉讼与经济赔偿,严重危及企业的生存与可持续发展。因此,对于施工企业而言,将"百年大计、质量第一"的观念深植于全体职工心中,不仅是对社会责任的担当,更是企业自身发展的内在要求。这要求施工企业从高层管理者到一线操作人员,都需要深刻认识到质量管理的极端重要性,将质量意识融入日常工作的每一个环节,形成全员参与、全程控制的质量文化氛围。通过建立健全质量管理体系,明确质量责任,强化质量培训,不断追求卓越,确保每一项工程都能经得起时间的考验,真正成为惠及民生、推动社会进步的"百年大计"。

(二)用户至上的观点

用户至上的观点,作为建筑工程全面质量管理的核心理念与精髓所在,深刻体现了以市场需求为导向、以用户满意为宗旨的现代企业管理哲学。在建筑工程领域,这一观点要求施工企业将用户的实际需求与潜在期望置于首位,视用户为工程质量与服务的最终评判者,从而确保工程成果能够精准对接市场需求,满足甚至超越用户的期望值。坚持用户至上,意味着施工企业需深入洞察用户对于建筑功能、安全性、舒适性、美观性等多维度的需求,通过精细化设计与施工,打造符合用户个性化需求的建筑产品。同时,这还要求企业建立起完善的用户反馈机制,及时收集并分析用户意见与建议,作为持续改进工程质量与服务的重要依据。在这一过程中,施工企业不仅能够不断提升自身的技术实力与管理水平,还能有效增强用户忠诚度与口碑传播力,从而在激烈的市场竞争中脱颖而出,赢得更广泛的市场份额与更高的品牌声誉。用户至上的观点还强调了企业与用户之间的长期合作关系,鼓励施工企业以用户为中心,构建全方位、多层次的服务体系,包括售前咨询、施工过程中的透明化管理、售后维护保障等,以全面满足用户在不同阶段的需求,实现企业与用户的共赢发展。这种以用户为导向的质量管理策略,不仅有助于提升建筑工程的整体品质,更是施工企业实现可持续发展、保持市场竞争优势的关键所在。

(三)预防为主的观点

预防为主的观点深刻揭示了工程质量形成的本质规律,即工程质量并非单纯依赖于后期的检验与把关,而是源于设计、施工等前期环节的精心策划与严格控制。这一观点强调,工程质量的优劣在很大程度上取决于设计阶段的创意构思、材料选择的严谨性、施工工艺的合理性以及施工过程的精细化管理,而非仅仅依赖于最终的质量检测与验收。全面质量管理倡导将传统的事后检验把关模式转变为以工序控制为核心的预防性质量管理,这意味着质量管理的工作重心应从单纯关注质量结果转移到全面管控影响质量的各种因素上来。通过深入分析影响工程质量的诸多因素,如设计方案的可行性、材料的质量稳定性、施工人员的技能水平、施工环境的变化等,制定针对性的预防措施与控制策略,实现质量问题的早期识别与有效规避。同时,预防为主的观点还强调防检结合,即在加强预防性质量控制的同时,也不忽视必要的质量检验与监控,以确保各项预防措施得到有效执行,工程质量得到持续保障。

(四)全面管理的观点

全面管理的观点,作为全面质量管理的核心要义,深刻体现了其系统性与综合性的特征,着重强调了一个"全"字的深刻内涵,即全员参与、全过程覆盖与全企业协同的管理模式。在建筑工程领域,这一观点要求施工企业构建一套全方位、多层次的质量管理体系,确保工程质量的每一个细节都得到充分的关注与有效的控制。全员管理,意味着施工企业从上至下的每一位员工,无论其岗位与职责如何,都应积极参与到质量管理的实践中来,形成全员关注质量、全员参与管理的良好氛围。这种全员性的参与,不仅能够激发员工的责任感与使命感,还能促进质量管理知识与技能的广泛传播,为工程质量的全面提升奠定坚实的基础。全过程管理,则要求将质量管理的触角延伸至工程项目的每一个阶段,从初期的规划与设计,到中期的施工与安装,再到后期的使用与维护,确保每一个环节都符合既定的质量标准与规范,实现工程质量的全程可控与可追溯。全企业管理,则强调了施工企业内部各部门之间的协同与合作,要求各个部门在履行自身职能的同时,也要积极参与到质量管理的体系中来,形成部门间相互支持、相互监督的良性机制,共同为工程质量的提升贡献力量。

(五)一切用数据说话的观点

一切用数据说话的观点,是全面质量管理中不可或缺的科学原则与方法论基础,它强调了数据在质量管理过程中的核心地位与决定性作用。在建筑工程领域,这一观点要求施工企业摒弃主观臆断与经验主义的传统管理模式,转而依托实际收集到的数据资料,运用先进的数理统计方法与技术手段,进行客观、精准的分析与判断,从而为质量管理的决策提供科学依据。数据作为质量管理的"语言",能够真实、客观地反映工程质量的现状与趋势,揭示质量问题的本质与规律。通过系统地收集、整理与分析工程实施过程中的各类数据,如施工材料的质量检测报告、施工工艺的参数记录、质量验收的实测数据等,施工企业可以及时发现质量偏差,准确追溯问题源头,为采取针对性的纠正措施与预防措施提供有力支撑。同时,运用数理统计的方法对数据进行深入剖析,如通过控制图、直方图、排列图等工具,可以揭示数据背后的质量分布规律,预测质量问题的潜在风险,为质量管理的持续改进提供科学依据与量化指标。这种基于数据的决策方式,不仅提高了质量管理的效率与准确性,还促进了质量管理工作的科学化、标准化与信息化,是全面质量管理在建筑工程领域实现精细化、高效化管理的必由之路。

第二节 PDCA 循环在质量管理中的应用

一、计划阶段(PLAN)

(一)确定质量目标

在计划阶段这一质量管理的起始环节,施工企业承载着确立工程质量具体目标的重任,这些目标不仅是项目成功的基石,也是质量管理活动的核心导向。目标的设定需深度融合用户需求、行业标准、技术规范以及项目特性等多重维度,确保目标的科学性与合理性。通过细致入微的用户调研,施工企业能够精准捕捉用户对工程质量的具体期望,如结构的耐久性、使用的舒适性、外观的美观性等,这些期望是质量目标设定的直接依据。同时,施工企业还需全面审视行业内的质量标准与规范,确保质量目标不仅满足用户期望,还符合行业发展的先进水平。在此基础上,将抽象的质量要求转化为清晰、可量化、可追踪的具体指标,如混凝土强度需达到设计规定的 C30 标准、墙面平整度误差控制在 2 毫米以内、防水性能需通过严格的水压测试等,这些具体指标为质量管理的实施提供了明确的衡量基准,使得质量管理活动更加精准、高效,有助于施工企业有针对性地制定质量控制策略,确保工程质量目标的顺利实现。

(二)制订质量管理计划

依据已明确的质量目标,施工企业需精心构建一套详尽而周密的质量管理计划,该计划是指导整个工程项目质量管理活动的行动纲领。质量管理计划的设计需全面覆盖工程项目的全生命周期,自前期的设计规划、中期的采购与施工,直至后期的验收与交付,每一环节均需纳入质量管理的范畴,以确保质量管控的全面性与系统性。在质量控制流程方面,施工企业应明确各阶段的质量控制要点、检验频率与检验方法,确保质量活动有序进行。检验标准的设定需严格遵循行业规范与项目要求,为质量评判提供准确依据。同时,合理的责任分配机制是质量管理计划有效执行的关键,通过明确各部门、各岗位的职责与权限,形成责任到人、层层把关的质量管理体系。此外,资源配置的充足与合理同样至关重要,施工企业需根据质量管理计划的需求,科学调配人力、物力、财力等资源,确保质量管理活动的顺利实施与高效运作,为工程项目质量的全面提升提供坚实保障。

(三)识别风险与制定预防措施

在质量管理的风险预防环节,施工企业需依托对历史数据的深度挖掘、行业案例的广泛搜集以及项目特有属性的细致分析,构建一套系统化的风险识别体系。这一体系旨在全面捕捉并精准识别那些可能威胁工程质量的潜在风险因素,诸如原材料质量的波动、施工工艺的不当执行,以及环境条件的意外变化等。针对这些被识别出的风险点,施工企业需制定一系列具有前瞻性的预防措施。在材料质量控制上,通过强化原材料的入库检验、过程监控与成品抽检,确保材料质量符合项目要求;在施工工艺方面,不断优化施工流程,引入先进技术与设备,提升施工精度与效率;同时,密切关注环境变化,如温度、湿度、风力等,适时调整施工计划,以减少环境因素对工程质量的不利影响。

二、实施阶段(DO)

(一)执行质量管理计划

在实施阶段,施工企业承担着将质量管理计划转化为实际行动的重任,以确保每一项质量控制措施均能得到精准而有效的执行。这一过程的实现,依赖于对施工人员的严格培训、施工过程的全面监督、材料的严谨检验与妥善储存,以及施工记录的详尽填写等多方面的综合施策。施工企业需组织专业培训,提升施工人员对质量标准的认知与操作技能,确保其在施工过程中能够严格遵循既定的标准与规范。同时,通过设立专职质量监督岗位,对施工过程进行实时监控,及时发现并纠正偏差,确保施工活动始终在质量控制的轨道上运行。在材料管理方面,施工企业需建立严格的检验机制,确保所有进场材料均符合质量要求,并通过科学的储存方法,保持材料性能的稳定。此外,详尽的施工记录是质量追溯与评估的重要依据,施工企业应要求施工人员如实、准确地记录施工过程中的关键信息,如施工时间、人员配置、材料使用等,为后续的质量分析与改进提供可靠的数据支持。

(二)加强沟通与协调

在实施过程中,施工企业需构建一套高效、透明的沟通机制,以促进项目团队内部成员之间,以及与外部相关方,包括但不限于设计单位、监理单位、供应商等之间的信息交流与共享。这一机制应确保信息的传递既及时又准确,以便迅速响应施工过程中可能出现的各种质量问题,实现质量管理活动的协同与高效。有效的沟通机制要求施工企业首先明确沟通渠道与方式,如定期召开项目协调会议、设立信息共享平台、采用电子化沟通工具等,以确保信息的无障碍流通。其次,需建立问题反馈与解决机制,鼓励团队成员及外部相关方主动报告质量问题,并通过快速响应机制,组织专家进行问题诊断,制定并实施解决方案,确保问题得到及时有效的处理。此外,施工企业还应注重沟通的双向性,不仅向下传达质量管理要求,也需向上及向外反馈实施进展与成效,增强各方的信任与合作,共同推动工程项目质量的持续提升。

(三)灵活调整与应对变化

鉴于建筑工程项目固有的复杂性与不确定性,实施过程中不可避免地会遭遇诸如设计变更、材料供应延误等计划之外的突发状况。面对这些挑战,施工企业需展现出高度的灵活性与应变能力,以确保质量管理计划能够迅速适应实际情况的变化,从而保障质量目标的顺利达成。这要求施工企业首先建立一套敏捷的响应机制,能够即时捕捉并分析变化信息,评估其对项目质量目标的潜在影响。基于这一评估,施工企业需迅速调整质量管理计划,包括重新分配资源、调整施工顺序、修订检验标准等,以确保质量管理活动始终与项目实际进展保持同步。同时,施工企业还需加强与外部相关方的沟通与协调,如与设计单位就设计变更进行及时确认,与供应商就材料供应问题寻求替代方案,以确保各方力量能够有效整合,共同应对变化带来的挑战。

三、检查阶段(CHECK)

(一)进行质量检查与评估

在检查阶段,施工企业承担着对工程施工全过程进行严格质量把控的重任,其核心任务在于依据质量管理计划中明确界定的检验标准,对工程施工的每一个环节展开细致入微的检查与评估。这一过程涵盖了从施工材料的入库检验到施工工序的逐项验收,再到成品的随机抽检等多个关键节点,旨在确保工程质量在全方位、全过程中均能满足设计要求与行业标准。具体而言,施工企业需组织专业团队,对施工材料的物理性能、化学成分等关键指标进行严格检测,确保材料质量符合项目规范。在施工工序方面,通过现场监督与验收记录,对施工过程中的每一步操作进行逐一核查,确保工序质量达标且符合设计意图。此外,对成品进行定期的随机抽检,不仅能够及时发现并纠正潜在的质量问题,还能为工程质量的整体评估提供有力依据。

(二)收集数据与分析问题

在检查阶段所收集到的丰富质量数据,包括但不限于检验报告、验收记录、不合格品统计等,构成了施工企业进行质量分析与改进的宝贵资源。为了深入挖掘这些数据背后隐藏的质量问题,施工企业需运用数理统计的科学方法,如描述性统计分析、控制图分析、假设检验等,对质量数据进行全面而深入的分析。通过这一过程,施工企业能够揭示质量问题的分布规律,如哪些环节或工序质量问题频发,哪些材料或设备的质量波动较大等。更为重要的是,数理统计方法还能帮助施工企业识别质量问题的潜在原因,如工艺参数设置不当、操作人员技能不足、材料质量波动等,从而为后续的处理阶段提供精准的决策依据。基于这些分析结果,施工企业可以针对性地制定改进措施,如调整工艺参数、加强员工培训、优化材料采购等,以消除质量问题的根源,提升工程项目的整体质量水平。

(三)反馈与沟通检查结果

检查阶段的收尾工作至关重要,其中,及时且有效的反馈机制是确保质量持续改进的关键环节。施工企业需在检查结束后,立即将详尽的检查结果,涵盖各项检验数据、质量合规情况、发现的问题及潜在风险等,准确无误地反馈给相关责任人。这些责任人包括但不限于直接参与施工操作的班组人员、负责整体项目推进的项目经理,以及承担质量监督职责的监理单位。为确保信息的全面传达与深入理解,施工企业应采用多种沟通形式,如组织专题会议、提交书面报告、发送电子邮件等,将检查结果清晰、直观地呈现给各相关方。在沟通过程中,施工企业还需强调质量问题的严重性与紧迫性,明确表达改进期望,并鼓励各相关方积极参与问题讨论,共同探索解决方案。

四、处理阶段(ACT)

(一)制定纠正与预防措施

在检查阶段发现并确认质量问题后,施工企业需迅速响应,制定并执行一系列具体而有效的纠正措施。这些措施旨在直接消除已发现的质量问题,如通过返工调整不符合标准的施工部位,修复受损或缺陷的部分,以及更换不合格的材料等,确保工程质量恢复至符合设计要求与行业标准的状态。然而,纠正措施的实施仅是问题解决的第一步。为从根本上避免类似问题的再次发生,施工企业还需深入剖析问题产生的根源,如施工工艺的不合理、员工技能的欠缺、材料采购流程的不完善等,并据此制定针对性的预防措施。这可能包括优化施工工艺流程,引入更先进的施工技术;加强员工培训,提升其对质量标准的理解与执行能力;以及改进材料采购流程,确保所采购材料的质量可靠且符合项目需求。

(二)实施改进措施并跟踪效果

将精心策划的纠正与预防措施切实转化为实际行动,是施工企业提升工程质量的关键步骤。为确保这些措施能够精准落地并产生实效,施工企业需建立一套严密而高效的监控机制,对改进措施的执行过程与实施效果进行全面跟踪与评估。这一机制要求施工企业定期组织专项检查,通过现场观测、数据复核、问卷调查等多种方式,深入了解改进措施的实际执行情况。在此基础上，施工企业需对收集到的信息进行综合分析，评估改进措施是否有效解决了质量问题，质量水平是否得到了实质性提升。更为重要的是，施工企业应保持对改进效果的持续关注，及时发现并纠正执行过程中的偏差，根据实际情况对改进措施进行必要的调整与优化。

(三)总结经验，更新质量管理计划

处理阶段结束后，施工企业需转入对整个PDCA(计划—执行—检查—处理)循环的深入总结与分析阶段。此环节的核心任务在于，系统地回顾质量管理过程中的每一个细节，客观评价各项措施的实施效果，细致梳理成功的管理经验与创新做法，同时深刻反思存在的不足与教训。通过总结，施工企业应提炼出具有普适性与可复制性的管理方法与经验，如高效的沟通机制、精准的风险识别策略、有效的质量控制手段等，为未来的项目质量管理提供宝贵的参考与借鉴。更为重要的是，基于总结结果，施工企业需对现有的质量管理计划进行全面审视与更新，将新验证的管理措施、提升的技术标准、优化的风险防控策略等有机融入其中，构建一个更加完善、更加科学的质量管理框架。

(四)持续改进与文化建设

PDCA循环的核心理念在于其持续改进的精神，它强调质量管理并非一蹴而就的任务，而是一个需要不断迭代、持续优化的过程。施工企业应深刻领悟这一精髓，将质量管理视为企业发展的生命线，矢志不渝地追求更高的质量目标与更优的管理水平。通过持续不断地运行PDCA循环，施工企业能够逐步构建起一套以质量为核心的企业文化。在这一文化氛围中，质量被视为企业生存与发展的基石，每一位员工都深刻认识到自身在质量管理中的重要角色与责任。这种全员参与的质量管理格局，不仅激发了员工的质量意识与责任感，还促进了质量管理的全面渗透与深度整合，实现了从设计、施工到验收等各个环节的全程控制。更为深远的是，持续的PDCA循环还推动了施工企业质量管理水平的螺旋式上升，每一次循环都是对既有管理体系的一次挑战与超越，每一次总结都是对管理智慧的一次凝练与升华。图2-1为PDCA循环。

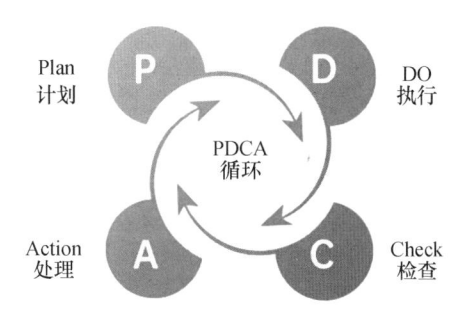

图 2-1　PDCA 循环

第三节　质量控制与质量保证体系

一、质量控制的基本原则

(一)全面性原则

全面性原则是建筑工程质量控制与管理的基石,它强调质量控制不应仅仅局限于施工阶段,而应贯穿于工程项目的全生命周期,从项目策划的初步构想到设计的精细描绘,再到施工的实际操作,直至最后的竣工验收,每一个环节都需被纳入质量控制的严密网络之中。这一原则要求施工企业必须树立全局观念,将质量控制视为项目管理的核心任务,确保质量目标在项目的各个阶段都能得到有效落实,形成一条连续、闭合的质量控制链条。

在项目策划阶段,施工企业就应对项目的质量目标进行明确界定,制订详细的质量计划,为后续的设计、施工与验收提供明确的指导与依据。设计阶段,则需加强对设计图纸的审核与优化,确保设计方案的合理性、可行性与经济性,同时考虑施工过程中的质量控制难点与风险点,提前制定应对措施。施工阶段,质量控制更是重中之重,施工企业应建立严格的施工质量控制体系,对施工过程中的每一个细节进行严密监控,确保施工质量符合设计要求与行业标准。而在竣工验收阶段,则需对工程项目的整体质量进行全面评估与检查,确保工程质量的最终达标。

全面性原则的实施,要求施工企业具备高度的责任心与使命感,将质量控制融入企业的日常管理与文化之中,形成全员参与、全程控制、全面管理的质量控制格局。同时,还需加强与项目各参与方的沟通与协作,共同构建项目质量控制的共同体,确保质量目标的顺利实现。

(二)预防性原则

预防性原则强调质量控制不应仅仅停留在问题出现后的纠正与补救上,而应更加注重预防与前瞻。通过提前识别潜在的质量风险,制定针对性的预防措施,将质量问题扼杀在萌芽状态,从而避免或减少质量事故的发生,降低质量成本,提升工程项目的整体质量水平。

实施预防性原则,要求施工企业具备敏锐的风险意识与前瞻性的管理思维。首先,施工企业应建立完善的风险识别与评估机制,通过专家咨询、历史数据分析、现场勘察等多种方式,全面识别项目实施过程中可能面临的质量风险。其次,根据风险的大小与性质,制定针对性的预防措施与应急预案,明确责任人与实施时间,确保预防措施的有效落实。同时,还需加强对预防措施执行情况的监督与检查,及时发现并纠正执行过程中的偏差与不足,确保预防措施的实效性与可靠性。

预防性原则的实施,不仅能够有效降低质量风险的发生概率,还能够提升施工企业的风险防控能力与应急响应能力,为工程项目的顺利实施与稳健运营提供有力保障。

(三)系统性原则

系统性原则强调质量控制是一个复杂的系统工程,涉及人、材料、机械、环境等多个因素,各因素之间相互关联、相互影响,共同构成了一个有机的整体。因此,施工企业必须运用系统论的方法,对质量控制的各个环节进行整体规划与协调,确保各要素之间的有机配合与协同作用,形成合力,共同推动工程质量的提升。

实施系统性原则,要求施工企业首先建立清晰的质量控制流程与责任体系,明确各岗位、各专业的质量控制职责与权限,确保质量控制活动的有序进行。其次,需加强对各要素的质量控制与管理,包括对施工人员的培训与考核、对材料的采购与验收、对机械设备的维护与保养、对施工现场环境的优化与改善等,确保各要素的质量符合项目要求与行业标准。同时,还需注重各要素之间的协同与配合,通过加强沟通与协作,形成质量控制的合力效应,提升工程项目的整体质量水平。系统性原则的实施,不仅能够提升施工企业的质量控制能力与效率,还能够促进项目管理水平的全面提升,为工程项目的成功交付与长期稳健运营奠定坚实基础。

（四）数据驱动原则

施工企业应建立完善的数据收集、整理与分析机制,通过数据驱动的管理方法,及时发现质量问题,评估改进措施的效果,为质量控制提供科学依据与有力支撑。实施数据驱动原则,要求施工企业首先建立全面的数据收集体系,包括施工过程数据、质量检验数据、质量事故数据等,确保数据的全面性与准确性。其次,需加强对数据的整理与分析,运用统计学、数据挖掘等技术手段,揭示数据背后的规律与趋势,为质量控制提供有价值的参考信息。同时,还需注重数据的可视化呈现与共享应用,通过图表、报告等形式,将复杂的数据转化为直观、易懂的信息,便于管理人员与施工人员快速了解质量状况,及时做出决策与调整。数据驱动原则的实施,不仅能够提升施工企业的质量控制决策的科学性与精准性,还能够促进质量管理活动的持续改进与优化,为工程项目的质量提升与成本控制提供有力保障。同时,还能够推动施工企业向智能化、数字化转型,提升企业的核心竞争力与可持续发展能力。

二、质量保证体系的构成

（一）组织体系

施工企业应当着手设立一个专司质量管理的机构,该机构需具备高度的专业性和权威性,以确保质量管理的有效实施。在此基础之上,必须明确各级质量管理人员的具体职责与权限,通过科学合理的分工,形成一个层次分明、责任界限分明的组织架构。这样的架构不仅能够确保质量管理工作的有序开展,还能避免职责不清导致的推诿扯皮现象。此外,为了保障质量管理体系的高效运作,施工企业还需建立起一套行之有效的沟通机制。这一机制应当能够确保质量信息在组织内部得以顺畅、准确地传递,无论是自上而下的指令传达,还是自下而上的问题反馈,都能及时到达相关责任人,从而实现对质量问题的快速响应与有效处理。

（二）制度体系

为确保工程质量的全面提升,施工企业必须精心制定一套完备的质量管理制度。这套制度应涵盖质量责任制,以明确各级管理人员与施工人员在质量管理中的具体职责,形成责任到人的管理体系；同时,应建立严格的质量检验制度,对施工材料、工序及成品进行全面而细致的检验,确保每一环节均符合质量标准。此外,质量事故处理制度同样不可或缺,它能够为事故的快速响应与妥善处理提供明确指导,最大限度降低事故损失。而质量改进制度则着眼于持续优化与提升,通过定期评估与反馈机制,推动质量管理活动的不断完善与进步。这些制度共同构成了质量控制的坚实框架,为施工企业质量管理活动的有序、高效开展提供了根本保障。

（三）标准体系

标准体系在质量控制中扮演着标尺的角色,对于施工企业确保工程质量具有至关重要的意义。施工企业应当依据国家颁布的相关规定、行业标准以及企业内部的技术规范,系统地建立一套适用于特定项目的质量标准体系。这一体系需全面覆盖工程质量验收标准,明确各阶段、各工序的验收要求与指标,确保工程质量的可衡量性与可追溯性。同时,施工工艺标准作为指导施工操作的重要依据,应详细规定各项施工活动的操作流程、技术参数与质量要求,以标准化促进施工过程的规范化。此外,材料检验标准同样不可或缺,它规定了材料的取样方法、检验项目及合格标准,为施工材料的质量控制提供了科学依据。

（四）控制体系

控制体系作为质量保证体系的核心组成部分,其构建与完善对于施工企业确保工程质量具有决定性作用。该体系涵盖事前控制、事中控制与事后控制三大关键环节,形成了一套全方位、全过程的质量控制机制。在事前控制阶段,施工企业需通过深入的风险识别与分析,预判可能存在的质量隐患,并据此制订针对性的预防措施,以有效降低质量风险的发生概率。事中控制则聚焦于施工过程的实时监控与动态调整,通过严格的质量检查与监督手段,确保施工活动严格遵循既定的质量标准与操作规程。而在事后控制阶段,则对已完成的工程进行全面的质量验收与综合评估,及时发现并整改存在的质量问题,采取必要的补救措施,以确保工程质量的最终符合性与可靠性。

(五)改进体系

改进体系作为质量保证体系的动力源泉,其核心在于推动施工企业质量管理的持续进步与自我优化。该体系强调,施工企业应建立一种常态化的质量评估与反馈机制,通过定期或不定期的质量审核、顾客满意度调查、内部员工反馈等多种渠道,全面而深入地识别质量管理中存在的不足与潜在问题。在此基础上,施工企业需制定具体、可行的改进措施,并坚决予以实施,以消除质量短板,提升管理效能。改进体系深刻体现了质量管理的持续性与动态性特征,它要求施工企业不断追求卓越,勇于自我革新,将质量管理视为一个不断循环、螺旋上升的过程。通过这一体系的建立与有效运行,施工企业能够不断适应外部环境的变化与内部管理的需求,实现质量管理水平的稳步提升。

三、关键控制点与管理方法

(一)施工材料的控制

施工材料作为建筑工程的物质基础,其质量直接关乎工程的整体性能与使用寿命,对施工材料的严格控制是确保工程质量的首要环节。施工企业应构建一套科学、严谨的材料采购、验收、存储与发放制度,以实现对材料质量的全面把控。在材料采购阶段,施工企业需依据设计要求与行业标准,制订详细的采购计划,明确材料的规格、型号、数量及质量要求。同时,建立供应商评估与选择机制,对供应商的资质、信誉、生产能力及历史业绩进行综合考量,确保所采购材料来源可靠、质量优良。在材料验收环节,应严格执行验收标准与程序,对材料的外观、尺寸、性能等进行全面检查,并留存必要的检验报告与合格证明。对于关键材料或存在质量疑点的材料,还需进行抽样复试,以验证其质量符合性。在材料的存储与发放过程中,施工企业应建立专门的仓库管理制度,确保材料存放环境干燥、通风、防潮、防腐蚀,避免材料因存储不当而受损。同时,实行材料领用登记制度,对材料的流向与用量进行精确追踪,防止材料浪费与滥用。

(二)施工工序的控制

每个工序的质量都直接关系到后续工序的顺利进行与最终工程的质量水平。因此,施工企业必须制定详细的施工工艺流程,明确各工序的质量标准与操作规范,确保施工活动有序、高效地进行。在制定施工工艺流程时,施工企业应充分考虑工程特点、施工条件及技术要求,将施工过程分解为若干个具体工序,并为每个工序设定明确的质量目标与验收标准。同时,编制详细的操作手册与作业指导书,对施工人员的操作行为进行规范与指导。在施工过程中,施工企业应加强对工序质量的检查与验收工作,采用自检、互检与专检相结合的方式,对每道工序的质量进行全面把控。对于不符合标准的工序,必须及时进行返工或整改,直至达到质量要求为止。此外,还应建立工序质量追溯机制,对出现质量问题的工序进行追溯分析,查明原因并采取有效措施进行改进,防止类似问题再次发生。通过细化施工工序流程、明确质量标准与操作规范以及加强工序质量的检查与验收工作,施工企业能够确保每一道工序都达到质量要求,为工程质量的整体提升提供有力保障。

(三)人员的管理

施工人员作为建筑工程质量控制的主体,其素质与行为直接决定了施工活动的质量与效率。因此,施工企业必须加强对施工人员的培训与考核工作,提升其质量意识与操作技能水平。同时,还需建立有效的激励机制,激发施工人员的工作积极性与责任感,确保施工活动的高质量完成。在培训与考核方面,施工企业应定期组织施工人员参加专业技能培训与质量安全教育活动,提升其专业知识和操作技能水平。同时,建立严格的考核制度,对施工人员的培训效果与实际操作能力进行定期评估与考核,确保施工人员具备胜任岗位工作的能力。在激励机制方面,施工企业应根据施工人员的实际工作表现与贡献情况,给予相应的物质奖励与精神激励,如奖金、晋升、表彰等。通过这些激励措施,激发施工人员的工作热情与创造力,促使其更加积极地投入施工活动中去。通过加强对施工人员的培训与考核以及建立有效的激励机制,施工企业能够提升施工人员的整体素质与操作技能水平,激发其工作积极性与责任感,为工程质量的提升提供有力的人才保障。

（四）机械设备的控制

机械设备作为建筑工程施工活动的重要支撑,其性能状态直接关乎施工效率与工程质量。因此,施工企业必须建立机械设备的维护与保养制度,确保机械设备的性能稳定与安全可靠。同时,还需对机械设备进行定期的检查与评估工作,及时淘汰落后或存在安全隐患的设备,确保施工活动的顺利进行。在机械设备的维护与保养方面,施工企业应制订详细的维护与保养计划,明确维护周期、保养内容及责任人等要素。定期对机械设备进行清洁、润滑、紧固等保养工作,及时发现并处理机械设备存在的故障与隐患。同时,建立机械设备维修档案,对维修过程与结果进行记录与追踪,确保机械设备的维修质量。在机械设备的检查与评估方面,施工企业应定期对机械设备的性能状态进行检查与评估工作,包括设备的运行效率、安全性能、使用寿命等指标。对于存在严重故障或安全隐患的机械设备,应及时进行报废或更新处理,避免因其性能不佳或安全隐患而引发安全事故或质量事故。

（五）环境因素的控制

环境因素作为建筑工程质量控制的重要外部条件,对工程质量具有不可忽视的影响。因此,施工企业必须加强对施工现场环境的管理与控制工作,包括温度、湿度、照明、通风等条件的调节与优化。同时,还需关注天气变化与自然灾害等外部因素,制定应急预案与防范措施,降低环境因素对工程质量的不利影响。在施工现场环境的管理与控制方面,施工企业应根据工程特点与施工要求,合理布置施工现场布局,确保施工区域与材料堆放区域的有序分隔。同时,加强对施工现场的温度、湿度等环境参数的监测与调控工作,为施工人员提供良好的工作环境与条件。在照明与通风方面,应确保施工现场的照明充足、通风良好,避免因光线不足或空气流通不畅而影响施工质量与施工人员健康。在天气变化与自然灾害的防范方面,施工企业应密切关注天气预报与地质灾害预警信息,及时制定并启动应急预案。对于可能出现的极端天气或自然灾害情况,应提前采取防范措施,如加固临时设施、排水系统疏通等,确保施工现场的安全与稳定。

第四节 建筑工程质量管理的特点与挑战

一、建筑工程质量管理的特点

(一)影响因素众多且复杂多变

建筑工程质量受到设计、材料、施工、环境、管理等多方面的综合影响。设计方案的合理性、材料的质量与性能、施工工艺的选择、施工现场的环境条件、管理人员的专业水平等,都是影响工程质量的重要因素。这些因素之间相互作用,形成复杂的系统,使得质量管理的难度大大增加。例如,材料的质量问题可能因供应链的不稳定而难以控制,施工过程中的环境因素如温度、湿度、风力等也会影响混凝土的浇筑、焊接作业等关键工序的质量。

(二)质量控制过程的动态性与连续性

建筑工程的施工是一个连续且动态的过程,从基础开挖到主体结构施工,再到装饰装修和竣工验收,每一个环节都紧密相连,任何一个环节的失误都可能对整个工程的质量造成不可逆转的影响。因此,质量控制必须贯穿于施工的全过程,做到事前预防、事中控制和事后检验相结合。这要求质量管理人员不仅要具备扎实的专业知识,还要有良好的预见性和应变能力,能够及时发现并处理施工过程中的质量问题。

（三）质量评价的综合性与多层次性

建筑工程质量的评价不仅涉及结构安全、使用功能等基本要求，还包括美观性、经济性、环保性等多个维度。评价过程往往采用分阶段、分层次的方式进行，从检验批到分项工程、分部工程，再到单位工程，每一层次都有其特定的质量标准和验收程序。这种综合性的评价方式要求质量管理人员具备全面的视角和细致入微的工作态度，确保评价结果的客观性和准确性。

（四）隐蔽工程与长期性质量风险

建筑工程中存在大量的隐蔽工程，如基础埋置、钢筋绑扎、管线敷设等，这些部分在完工后被后续施工所覆盖，难以直接检查。因此，隐蔽工程的质量控制尤为重要，一旦出现问题，往往难以发现且修复成本高昂。此外，建筑工程的使用寿命长，使用过程中可能遭受自然灾害、人为破坏等多种因素的影响，长期性质量风险不容忽视。

二、建筑工程质量管理的挑战

（一）设计审查与变更管理的挑战

设计是建筑工程的灵魂，设计审查是确保设计质量的第一道防线。然而，设计审查过程中可能面临设计变更频繁、审查周期长、审查标准不统一等问题。设计变更不仅影响施工进度和成本，还可能对结构安全和使用功能造成潜在威胁。如何高效处理设计变更，确保设计方案的优化与施工进度的协调，是质量管理的一大挑战。

（二）材料质量控制与供应链管理的挑战

材料是建筑工程的物质基础，其质量直接影响工程质量。然而，市场上材料种类繁多，质量参差不齐，加之供应链的不稳定，如供应商资质不符、材料运输延误等，都给材料质量控制带来极大挑战。如何建立有效的材料采购与检验机制，确保材料质量符合设计要求，是质量管理的关键环节。

(三)施工工艺标准化与人员培训的挑战

施工工艺的标准化是确保工程质量的重要手段,但施工人员的技能水平和操作习惯差异较大,难以实现完全标准化。此外,随着新技术、新工艺的不断涌现,对施工人员的培训需求也日益增加。如何制定科学合理的施工工艺标准,并通过有效培训提升施工人员的技能水平,是质量管理面临的重要任务。

(四)质量监督与验收机制的挑战

质量监督与验收是确保工程质量的最后一道防线,监督力量不足、验收标准不统一、验收过程不透明等问题时有发生。如何建立健全的质量监督与验收机制,确保验收过程的公正性、透明性和有效性,是质量管理亟待解决的问题。

(五)管理体系与制度建设的挑战

完善的管理体系和制度是确保工程质量的基础,部分施工单位存在管理制度不健全、管理流程不规范、责任落实不到位等问题。如何构建科学合理的管理体系,明确各级管理人员的职责和权限,确保质量管理制度的有效执行,是质量管理的核心挑战。

(六)工程造价与成本控制的挑战

工程造价与成本控制是建筑工程质量管理中不可忽视的一环。过低的造价可能导致材料质量下降、施工工艺简化,进而影响工程质量。如何在保证工程质量的前提下,合理控制工程造价,实现质量与成本的平衡,是质量管理面临的重要课题。

(七)环境与社会影响的挑战

建筑工程的施工和运营过程中,会对周围环境产生一定影响,如噪声、粉尘、废水等污染。同时,社会因素如公众对工程质量的期望、媒体舆论等也会对质量管理产生影响。如何平衡工程建设与环境保护的关系,回应社会关切,提升工程质量的社会认可度,是质量管理面临的新挑战。

(八)信息化与智能化应用的挑战

随着信息技术的快速发展,信息化与智能化技术在建筑工程质量管理中的应用日益广泛。然而,如何有效利用这些技术提升质量管理的效率和准确性,如通过BIM(建筑信息模型)技术实现施工过程的可视化模拟、通过大数据分析预测质量风险等,是质量管理面临的技术挑战。

第三章 建筑工程施工技术与质量控制

第一节 施工技术对工程质量的影响

一、施工技术影响

(一)施工技术对工程质量的基础性作用

施工技术是建筑工程质量的基础,施工过程中的技术操作直接影响到工程质量的优劣。施工技术包括钢筋加工混凝土施工、模板工程、预应力施工等,这些技术的合理运用和掌握程度将直接关系工程质量的优劣。例如,正确的混凝土浇筑技术可以避免出现裂缝和渗漏,保证建筑物的结构完整性;合适的施工技术还能够确保建筑物的装饰效果和功能实现,提高建筑工程的使用价值。

(二)施工技术对工程质量的具体影响

1. 结构稳定性与耐久性

在建筑工程领域,结构的稳定性与耐久性是衡量工程质量的首要标准,而这一切均离不开施工技术的精准应用。施工技术在此方面的作用,首先体现在精确的测量与放线工作上。通过高精度的测量仪器和科学的放线方法,施工人员能够确保结构构件如梁、柱、墙等的位置精确无误,这不仅关乎建筑的整体美观,更是结构稳定性的基石。位置偏差,哪怕是微小的,也可能在荷载作用下引发应力集中,进而导致结构开裂、变形甚至倒塌,严重威胁建筑安全。此外,施工技术的合理性还体现在对结构材料的正确选择与处理上。例如,混凝土浇筑时的振捣技术,既能保证混凝土的密实度,又能有效避免空洞和气泡的产生,从而增强混凝土的抗压强度和耐久性。钢筋的绑扎与焊接技术,则直接关系到钢筋骨架的稳固性,进而影响整个结构的承载能力。因此,施工技术的精准与合理,是确保建筑结构长期稳定与耐久的关键。

2. 材料使用效率

材料作为建筑工程的物质基础,其使用效率直接关系到工程的成本效益与最终质量。施工技术的优化,能够在不牺牲工程质量的前提下,显著提高材料的使用效率。这主要体现在以下几个方面:一是通过精确的材料计算与切割技术,减少材料的浪费。例如,利用先进的计算机辅助设计软件,可以实现对建筑构件的精确设计,从而减少材料在切割过程中的损耗。二是通过高效的施工方法与设备,提高材料的利用率。比如,采用机械化施工代替传统的手工操作,不仅可以提高施工速度,还能减少因操作不当造成的材料损坏。施工技术的创新还能促进新型材料的应用,这些材料往往具有更高的性能与更低的能耗,从而在提高工程质量的同时,进一步降低了工程成本。例如,高性能混凝土的使用,可以在保证结构强度的同时,减少水泥的用量,降低碳排放,实现绿色施工。

3. 施工进度

施工进度是评价工程项目管理效率的重要指标之一,而高效的施工技术则是加快施工进度的关键。随着科技的进步,现代化的施工设备与方法不断涌现,如预制构件技术、模块化施工技术等,这些技术的应用极大地提高了施工效率,缩短了工期。预制构件技术通过在工厂生产标准件,现场只需组装,大大减少了现场湿作业量,缩短了施工周期。模块化施工则将建筑划分为多个独立模块,分别进行施工,最后进行组装,这种并行施工的方式显著提高了施工效率。同时,高效的施工技术还体现在对施工流程的优化上。科学合理的施工计划,可以实现各工种之间的无缝衔接,避免窝工与等待时间,确保施工进度的顺利进行。

4. 安全性

安全是建筑工程施工的首要原则,而合理的施工技术是确保施工安全的重要保障。施工技术的科学性,首先体现在对施工风险的识别与预防上。详细的施工方案设计,可以预先识别出施工过程中的潜在危险源,并制定相应的预防措施,如设置安全网、安全带、脚手架等,确保施工人员的安全。通过定期的安全教育与技能培训,可以提高施工人员的安全意识与操作技能,减少因操作不当导致的安全事故。同时,建立严格的安全管理制度,对施工过程中的违规行为进行及时纠正与处罚,也是保障施工安全的重要手段。

二、施工技术对工程质量的影响因素

(一)施工单位内部管理不完善

在我国工程施工领域,管理体系的完善程度直接关系到施工质量的优劣,而当前部分施工单位的管理现状却不容乐观,存在诸多亟待解决的问题,这些问题若不得以有效解决,将对施工质量构成严重威胁。具体而言,管理层面的疏漏往往源于管理者职责履行不到位,职责落实能力薄弱。诸如,在材料验收这一关键环节,部分管理者或因疏忽大意,或因流程简化考虑不周,导致验收工作流于形式,甚至被完全忽略,这为工程质量埋下了巨大隐患。同时,项目质量监控体系的不健全,以及内部管理结构的缺陷,如权责划分不明、沟通机制不畅等,均在不同程度上削弱了施工质量的控制力度,使得工程质量难以达到预期标准。这些管理上的不足,不仅影响了工程项目的整体性与安全性,还可能引发一系列后续问题,如维修成本增加、使用寿命缩短等,进而对施工单位的社会信誉与经济效益造成长远的不利影响。

(二)施工质量意识薄弱

在建筑工程施工领域,施工企业或施工单位的施工质量意识作为工程质量控制的内在驱动力,其强弱程度直接关联并深刻影响着工程施工质量的优劣。当前,我国建筑行业内不乏施工质量意识薄弱的施工企业,这些企业往往在市场竞争的压力下,过度追求经济效益,而忽视了施工质量这一核心要素。具体表现为,部分企业未能严格遵循既定的施工规范与标准,在施工过程中存在偷工减料的行为,这不仅削弱了工程的结构安全性,也严重损害了工程的整体质量。此外,部分施工企业为降低成本,擅自使用未经严格质量检验或检验不合格的建筑材料与机械设备,这些材料的应用无疑为工程质量埋下了巨大的安全隐患。同时,盲目追求施工进度,擅自缩短工期,忽视了施工过程中的质量控制环节,则进一步加剧了施工质量的不合格风险。

(三)监管力度欠缺,验收不到位

在当前建筑市场的复杂环境中,监督部门作为工程质量保障的重要一环,其监管工作的有效性与严谨性直接关系工程施工质量的整体水平。然而,遗憾的是,诸多监督部门在实际执行过程中,并未能充分履行其监管职责,严格依照既定的规范与标准开展监管工作,导致施工过程中监管力度的显著缺失。这种监管的松懈,不仅为施工过程中的违规行为提供了可乘之机,也使得各种质量问题频发,为工程项目埋下了诸多安全隐患。更为严重的是,在工程验收阶段,质量监督部门与质量检测部门同样存在执行不力的问题,未能严格按照既定的规范标准进行细致入微的质量监督检测工作。这一环节的疏漏,无疑为工程质量把控留下了巨大的漏洞,不仅可能危及工程项目的长期使用性能,更可能严重威胁到公众的生命财产安全,亟须行业监管部门及社会各界共同关注,采取有效措施加以改进,以确保建筑工程质量的全面提升。

(四)工程施工过程中的不稳定因素过多

在工程施工这一复杂而动态的过程中,存在着诸多不确定性与不稳定因素,它们以不同方式、不同程度地影响着工程施工质量的最终实现。首先,在工程设计方案层面,部分设计因缺乏对施工全过程的全面考量与细致规划,导致设计方案与实际施工条件存在较大偏差,难以有效指导施工实践,进而对工程施工的顺利进行构成障碍。其次,人员流动管理与工地安全管理方面的挑战同样不容忽视。建筑工地人员构成复杂,流动性大,加之部分工作人员专业技能与综合素质的欠缺,使得施工过程中的质量控制与安全管理面临严峻考验,工程质量因而存在较大的不确定性。最后,周围环境的变化,包括自然条件如气候、地质状况的变化,以及社会环境如制度调整、市场波动等,均可能对工程施工产生直接或间接的影响,增加施工难度,影响施工进度与质量,需要通过科学的预测与应对措施加以有效管控,确保工程施工质量的稳步提升。

第二节　新型施工技术在质量控制中的应用

一、信息化施工技术

(一)BIM技术实现全生命周期信息集成

BIM技术,即建筑信息模型,它通过数字化的方式,实现了建筑全生命周期内的信息集成与管理。在传统的工程设计和施工过程中,各环节的信息往往是孤立的,导致信息传递不畅、误解频发。而BIM技术的引入,不仅使得各环节的信息能够无缝衔接,还为各参与方提供了一个共同的信息平台。在设计阶段,BIM模型能够三维呈现设计意图,帮助施工人员更加直观地理解设计细节,从而减少因理解偏差而导致的施工错误。同时,BIM的碰撞检测功能,可以预先发现不同专业之间的设计冲突,如管道与电气线路的交叉等,进而在设计阶段就进行优化,避免施工过程中的返工和变更。这不仅提高了施工效率,更从根本上提升了工程质量。

(二)物联网技术实现实时监控与管理

物联网技术的快速发展,为施工现场管理带来了革命性的变化。通过将各种传感器嵌入到施工设备、材料和人员标识中,物联网技术能够实现施工现场各类资源的实时监控与管理。具体而言,在施工设备上安装传感器,如混凝土搅拌车、塔吊等重型设备,可以实时监测其工作状态、性能参数以及潜在的安全隐患。这种实时监控不仅确保了施工设备始终处于最佳工作状态,更能在设备出现故障前进行预警,避免因设备问题导致的施工中断或质量事故。此外,物联网技术还可以应用于对施工现场环境的监测,如温度、湿度、风速等,确保施工条件符合规范要求,从而保障施工质量。

(三)大数据分析技术提供预警与决策支持

大数据分析技术为工程质量管控带来了新的视角和方法。收集和分析历史项目数据,可以预测施工过程中可能出现的质量风险点,为施工单位提供及时的预警和决策支持。这种预见性和主动性的质量控制方式,使得施工单位能够在问题出现之前就采取相应的预防措施,从而大大降低了质量事故发生的概率。同时,大数据分析还可以帮助施工单位优化施工流程,提高施工效率,进一步保证工程质量。例如,对历史项目中混凝土浇筑过程的数据分析,可以预测在不同温度、湿度条件下混凝土凝固的时间和质量,从而指导施工单位选择最佳的浇筑时机和施工方法。

二、智能化施工

(一)智能机器人技术提升施工精度与安全性

智能机器人在施工现场的应用已成为现代建筑工程的一大亮点。这些机器人,如自动砌砖机器人、喷涂机器人等,通过精确的编程和传感器技术,能够准确无误地执行施工任务。相较于传统的人工操作,智能机器人不仅大幅提高了施工效率,更在精度和一致性方面表现出色。它们能够严格按照预设的程序进行施工,避免了人为操作中的误差和不稳定性,从而显著提升了施工质量的可控性和可靠性。特别是在复杂或危险的作业环境中,智能机器人的优势更为明显。它们能够在人类难以到达或承受的高空、高温、有毒等恶劣条件下进行作业,不仅保障了施工人员的安全,也降低了因环境因素导致的质量风险。这种技术革新不仅提升了建筑施工的智能化水平,也为工程质量提供了更为坚实的保障。

(二)激光定位与导向系统确保施工定位精确性

激光定位与导向系统在建筑施工中的应用,为施工定位带来了革命性的变化。传统的测量方法往往受到人为因素、环境因素等多重影响,难以保证定位的精确性。而激光技术则以其高精度、高稳定性的特点,为施工定位提供了全新的解决方案。通过激光测距、激光扫描等技术手段,激光定位与导向系统能够实现对施工构件的精确测量和定位。在高层建筑垂直度控制、隧道掘进方向引导等关键施工环节中,激光技术发挥了至关重要的作用。它不仅确保了施工构件的准确安装,也为后续的施工流程奠定了坚实的基础。这种技术的应用,极大地提高了施工定位的精确性和施工质量的稳定性。

(三)自动化监控系统实现实时质量监测与纠正

自动化监控系统的建立,为施工现场的质量控制提供了有力的技术支持。该系统能够实时监测施工现场的温湿度、风力等环境因素,确保施工条件符合规范要求。同时,它还能够对混凝土强度、焊缝质量等关键的施工质量指标进行实时监测,及时发现并纠正施工中的偏差。通过自动化监控系统,施工单位能够实时掌握施工现场的质量状况,及时发现问题并进行处理。这种主动的质量控制方式,不仅提高了施工质量的可控性,也为工程的长期稳定运行提供了保障。同时,自动化监控系统的数据记录和分析功能,还为施工单位提供了宝贵的质量反馈信息,有助于持续改进施工方法和提升工程质量。

三、绿色施工技术

(一)绿色建材的应用增强工程耐久性与性能

绿色建材,如再生混凝土、生态混凝土等,以其独特的环保特性和优越的性能,正在逐渐替代传统的建筑材料。这些绿色建材的广泛应用,不仅显著减少了自然资源的开采,缓解了资源压力,还通过先进的生产工艺和材料配比,提高了材料的力学性能、耐久性和使用寿命。例如,再生混凝土利用废弃混凝土作为骨料,经过破碎、筛分等工序后重新利用,不仅节约了天然骨料资源,还因其独特的骨料结构,使得新混凝土在某些性能上甚至优于传统混凝土。此外,绿色建材的生产和使用过程中产生的废弃物较少,对环境的污染也相对较低。这种环保特性不仅符合当前社会的可持续发展要求,也为工程质量的长期保持提供了有力保障。通过使用绿色建材,工程项目能够在满足功能需求的同时,更好地适应环境变化,减少维护成本,从而实现工程质量的全面提升。

(二)节能施工技术的推广降低能源消耗与成本

推广太阳能施工照明、使用节能型施工设备等节能技术,可以显著降低施工过程中的能源消耗,减少能源浪费。这不仅有助于降低施工成本,提高经济效益,还能避免因能源使用不当而引发的质量问题和安全隐患。例如,太阳能施工照明技术利用太阳能作为光源,既满足了施工现场的照明需求,又避免了传统电力照明带来的能源消耗和碳排放。而节能型施工设备则通过采用先进的节能技术和智能控制系统,实现了设备在运行过程中的能效优化和能源节约。这些节能施工技术的广泛应用,不仅提升了工程建设的环保性能,也为工程质量的稳定和提高创造了有利条件。

(三)环境友好型施工方法的采用

环境友好型施工方法通过优化施工流程、采用环保材料和设备等措施,最大程度地减少施工对周边环境的影响。例如,土方开挖的分层施工技术能够减少土方开挖过程中的扬尘和噪声污染;噪声与扬尘控制措施则通过采用隔音屏障、洒水降尘等手段,有效降低施工现场的噪声和扬尘排放。这些环境友好型施工方法的采用,不仅有助于改善施工现场的环境状况,保障施工人员的身体健康和安全;还能避免因施工活动对周边环境造成破坏而引发的质量问题和纠纷。同时,这些方法的实施也提升了工程项目的社会形象和公众认可度,为工程质量的全面提升奠定了坚实的基础。

四、预制装配式施工技术

(一)构件标准化生产确保尺寸与质量的统一性与精确性

构件标准化生产是预制装配式施工的基础。标准化生产可以确保构件尺寸和质量的统一性与精确性,从而避免现场制作过程中可能出现的尺寸偏差和质量不稳定问题。在工厂化生产环境中,严格的质量控制体系得以建立与运行,从原材料采购、生产加工到成品检测,每一个环节都经过严格把关,确保构件的整体质量水平。标准化生产不仅提高了构件的互换性和通用性,还为现场施工提供了极大的便利。由于构件尺寸和质量的高度一致性,现场组装过程变得更加顺畅,减少了因尺寸不匹配或质量问题导致的施工延误和成本增加。同时,标准化生产还有利于实现规模效应,降低生产成本,提高市场竞争力。

(二)现场组装的高效性有利于工程质量的稳定控制

相较于传统的现场施工方式,预制装配式施工大大减少了现场施工量,从而缩短了工期并降低了施工过程中的不确定因素。这种施工方式减少了现场湿作业和手工操作,降低了人为因素对工程质量的影响。此外,预制构件的组装通常采用机械化、自动化方式,进一步提高了施工精度与效率。机械化组装减少了人为操作的误差,使得构件之间的连接更加紧密、稳固。同时,自动化技术的应用也提升了施工过程的可控性和安全性,为工程质量的稳定控制提供了有力保障。

(三)信息化管理为质量控制提供强有力的数据支持

随着信息技术的不断发展,信息化管理已经渗透到建筑施工的各个环节。在预制装配式施工中,信息化管理的融入使得施工全过程可追溯,从构件生产、运输到现场组装,每一个环节都能被精确记录与监控。这种管理方式为质量控制提供了强有力的数据支持。通过信息化管理系统,施工单位可以实时监控构件的生产进度、质量状况以及运输情况等信息。一旦发现问题,可以及时采取措施进行纠正和预防,确保构件的质量符合设计要求。同时,信息化管理还有利于实现资源的优化配置和高效利用,提高施工效率并降低成本。在施工过程中产生的数据还可以用于后续的质量分析和改进工作,推动建筑施工行业的持续进步与发展。

五、3D 打印施工技术

(一)个性化定制能力满足复杂异形结构设计需求

3D 打印技术以其高度灵活的个性化定制能力,在建筑领域尤其是艺术建筑和特殊功能建筑的设计与施工中发挥了重要作用。传统施工方法在面对复杂、异形的建筑结构设计时,往往面临着施工难度大、精度难以保证等问题。而 3D 打印技术则能够通过精确的数字化建模,将设计师的创意转化为实体建筑,轻松应对各种复杂造型的挑战。这种技术的引入,不仅实现了传统施工方法难以达到的施工精度与造型效果,更极大地提升了建筑工程的创新性。在艺术建筑领域,3D打印技术使得建筑师能够更加自由地发挥想象力,创造出独具匠心的建筑作品;在特殊功能建筑领域,如复杂曲面结构、内部空间高度定制化的建筑等,3D打印技术同样展现出了其独特的优势,为工程质量对个性化、创新性的高要求提供了有力支持。

(二)提高材料利用率降低施工成本并保障结构稳定性

材料利用率是建筑施工过程中需要重点考虑的经济指标之一。传统施工方法中,材料浪费现象较为普遍,不仅增加了施工成本,还可能对环境造成不良影响。而3D打印技术通过精确的计算机模拟与材料配比优化,能够实现对材料使用量的精确计算与控制,从而显著减少材料浪费。这种高材料利用率的优势不仅有助于降低施工成本,提高企业的经济效益,还能在一定程度上保障建筑结构的整体性与稳定性。通过3D打印技术,建筑构件可以一次性整体打印成型,减少了连接部位和拼接缝隙,增强了结构的整体刚度与抗震性能。这对于提升工程质量、确保建筑安全具有重要意义。

(三)施工过程的可控性强实现精确控制与自动化管理

3D打印技术通过计算机程序对打印过程进行精确控制,实现了施工过程的自动化管理。这种可控性强的特点使得3D打印技术在建筑施工中具有显著优势。一方面,自动化管理减少了人为操作带来的误差与风险,提高了施工过程的稳定性和可靠性;另一方面,通过实时监测与调整打印参数,可以及时发现并纠正施工中的偏差,确保工程质量符合设计要求。此外,3D打印技术的施工过程可控性还为建筑工程的智能化发展奠定了基础。通过与物联网、大数据等技术的结合应用,可以实现对建筑施工过程的全面监控与智能优化,进一步提升工程质量的稳定性和可控性。

第三节　施工技术方案的比选与优化

一、技术方案的初步筛选

(一)可行性分析

可行性分析是建筑工程施工技术方案比选的首要步骤,它涉及对技术方案在施工过程中的技术难度、安全风险以及合规性的全面评估。在评估技术难度时,应深入分析每个技术方案所需的专业技能、设备条件以及施工团队的执行能力。技术难度过高可能导致施工进度受阻,甚至影响工程质量。因此,必须确保所选技术方案与施工团队的实际能力相匹配,避免因技术难度过大而造成不必要的风险。在可行性分析中,应对每个技术方案潜在的安全隐患进行识别与评估。这包括但不限于高处坠落、物体打击、机械伤害等常见风险。全面的安全风险分析,可以及时发现并规避潜在危险,确保施工过程的安全可控。在可行性分析阶段,应对技术方案进行合规性检查,确保其满足相关规定的要求。这不仅是工程顺利进行的必要条件,也是保障建筑质量和使用安全的重要基础。

(二)经济性评估

经济性评估是选择建筑施工技术方案时不可或缺的一环,它直接关系到项目的经济效益和投资回报。在分析过程中,应综合考虑人工成本、机械使用费、管理费等各项支出。通过对比不同技术方案的施工成本,可以选择出成本效益最优的方案。在评估技术方案时,应对所需材料的种类、数量、价格以及采购渠道进行全面分析。优化材料选择和使用量,可以有效降低工程成本,提高经济效益。在技术方案的经济性评估中,应充分考虑时间成本因素。选择能够缩短工期、提高效率的技术方案,有助于减少时间成本,提升项目整体效益。

(三)适应性考量

不同地区的地理环境差异显著,如地形地貌、地质构造等。在选择技术方案时,应充分考虑其对地理环境的适应性。例如,在山区施工可能需要采用与平原地区不同的技术方案,以确保工程的稳定性和安全性。在选择技术方案时,应关注其对当地气候的适应性。例如,在炎热潮湿的地区,应选择能够有效防潮、防腐蚀的技术方案;在寒冷地区,则需要考虑方案的抗冻性和保温性能。在选择技术方案时,应确保所需材料在当地易于采购且价格合理。这不仅可以降低材料成本,还能避免因材料短缺而导致的施工延误风险。

二、技术方案的深入比选

(一)技术细节的对比

在对比过程中,应关注各方法的技术成熟度、操作难易程度以及施工效率。例如,某些先进的施工方法可能提高施工速度,但也可能对施工人员技能要求更高。因此,需要综合考虑施工方法的各项特性,以选择最适合项目需求的方案。在对比技术方案时,应对各方案的工艺流程进行细致剖析,评估其流程设计的科学性和实用性。一个优化的工艺流程能够减少施工环节中的浪费,提高整体施工效率。材料是建筑施工的基础,其选择直接影响到工程的质量和成本。在技术细节对比中,应对各方案所选用的材料进行全面考量,包括材料的性能、价格、可获得性以及环保性等方面。通过综合评估,可以选择出既满足工程要求又具有经济效益的材料方案。

(二)环境影响的评估

随着环境保护意识的日益增强,建筑施工对环境的影响已成为技术方案比选中不可忽视的因素。环境影响的评估旨在量化各方案在施工过程及后期运营中对环境产生的潜在影响。在施工过程中,噪声、粉尘、废水等污染物的排放是主要的环境问题。在评估技术方案时,应对各方案在施工过程中的污染物排放情况进行详细分析,比较其环保性能。优先选择那些能够采取有效措施减少污染物排放的技术方案。除了施工过程中的环境影响外,还应关注施工完成后对环境的长期影响。这包括建筑物在使用过程中的能源消耗、废弃物产生以及可能的生态破坏等方面。预测和评估这些长期影响,可以选择出更具可持续性的技术方案。在技术方案比选中,还应考虑各方案是否融入了环保理念和措施。例如,采用可再生能源、节能设备以及绿色建筑材料等。这些环保措施的整合不仅能够降低工程对环境的影响,还能提升项目的整体形象和价值。

(三)工期与进度的考量

在比选过程中,应对各方案的工期计划进行合理性评估。这包括分析工期计划的制订依据、施工阶段的划分以及关键节点的设置等。通过评估,可以选择出既符合项目要求又具有可行性的工期方案。除了工期计划外,进度控制也是确保项目按时完成的关键环节。在技术方案比选中,应对各方案在进度控制方面的有效性进行分析。这包括评估方案是否具备完善的进度管理体系、能否及时发现并解决施工过程中的延误问题等。选择那些在进度控制方面表现优秀的技术方案,有助于降低项目风险并提高整体效益。在技术方案比选中,还应考虑各方案在资源利用方面的效率。例如,评估方案是否能够充分利用现有资源、减少浪费以及实现资源的循环利用等。通过优化资源调配,不仅可以保障工期与进度的顺利实现,还能进一步提高项目的经济效益和社会效益。

三、技术方案的优化策略

(一)工艺流程的简化

工艺流程的简化是指在保证工程质量和安全的前提下,通过减少不必要的施工步骤、合并相关工序或采用更高效的技术手段,来提高施工效率的过程。对现有的施工流程进行深入分析,识别并去除冗余或重复的步骤。同时,将可以并行处理的工序进行合理安排,以减少总体施工时间。这种精简不仅有助于提升效率,还能减少资源浪费和降低施工成本。借助现代化的施工技术,如预制装配式建筑技术、模块化施工等,可以大幅度简化传统的工艺流程。这些技术通过标准化和集成化的方式,减少了现场作业的复杂性,从而提高了施工效率和质量。工艺流程的简化并非一蹴而就,而是一个持续优化的过程。因此,需要建立有效的监控机制,实时跟踪施工过程中的效率和质量指标,并根据反馈信息进行必要的调整和优化。

（二）材料选择的优化

材料选择的优化是建筑施工方案优化的重要环节,它直接关系到工程的质量、成本以及环境影响。在选择建筑材料时,应综合考虑材料的性能、价格以及使用寿命等因素。优质的材料虽然价格可能较高,但能够提供更好的工程质量和更长的使用寿命,从而从长期角度降低总体成本。随着环保意识的提升,采用新型环保材料已成为建筑行业的重要趋势。这些材料不仅具有优异的性能,还能显著降低施工过程中的环境污染。例如,使用低碳环保的建筑材料可以减少能源消耗和温室气体排放。优化材料选择还需要考虑供应链的稳定性和材料储备的合理性,通过建立高效的供应链管理系统,确保材料的及时供应和成本控制。

（三）施工设备的更新

随着科技的进步,新型、高效的施工设备不断涌现,为建筑施工带来了革命性的变化。引入自动化和智能化的施工设备可以显著提高施工精度和效率。例如,使用智能机器人进行高精度测量和定位,或者采用自动化喷涂设备来减少人为操作误差。这些技术的应用不仅提升了施工质量,还降低了对熟练工人的依赖。更新施工设备的同时,还需要加强对设备的维护和保养工作。定期的检查、维修和保养能够确保设备的正常运行,延长设备的使用寿命,从而减少因设备故障而导致的施工延误和成本增加。新型设备的引入往往伴随着技术的更新,在更新施工设备的同时,还需要加强对员工的培训和教育,使他们能够熟练掌握新设备的操作技能和维护知识。

（四）人员培训与管理

在建筑施工过程中,人员的技能和管理水平对工程的顺利进行至关重要。

因此,加强人员培训与管理是优化施工技术方案不可忽视的一环。针对施工人员开展定期的技能培训和提升课程,确保他们具备完成各自任务所需的专业技能。这种培训不仅应包括基础技能的传授,还应注重高级技能和新技术的学习与实践。通过安全教育和规范操作培训,提高施工人员的安全意识和遵守操作规程的自觉性。这有助于减少施工过程中的安全事故和质量问题,保障工程的顺利进行。建立科学合理的施工管理体系和激励机制,明确各岗位的职责和权利,确保施工过程的有序进行。

第四节 施工过程中的质量控制要点

一、施工前的质量控制准备

(一)设计交底与图纸会审

在建筑工程项目启动之初,设计交底与图纸会审作为施工准备阶段的关键环节,其重要性不言而喻。这一步骤不仅关乎施工单位对设计理念的准确把握,更是确保工程质量、预防施工误差的基石。设计交底,简而言之,就是设计方将设计理念、设计思路、工程特点、难点以及质量要求等关键信息,以清晰、明确的方式传达给施工方。这一过程并非简单的信息传递,而是需要设计方与施工方之间进行深入的沟通与互动。设计方应详细解释设计图中的每一个细节,特别是那些可能引发误解或施工难度较大的部分,确保施工方能够全面、准确地理解设计意图。同时,施工方也应积极提问,对于设计中的疑惑或不明确之处及时寻求解答,以确保后续施工的顺利进行。图纸会审则是对设计图纸的一次全面"体检"。在这一环节中,施工、监理、设计等多方人员共同参与,对设计图纸进行细致入微的审查。审查的内容涵盖了图纸的完整性、准确性、合理性以及可操作性等多个方面。通过会审,可以及时发现并纠正设计图纸中存在的错误或不合理之处,如尺寸标注错误、材料选用不当、构造设计不合理等。这些问题的解决,能够有效避免施工过程中的返工和浪费,确保工程质量和施工进度不受影响。设计交底与图纸会审的紧密结合,为施工过程中的质量控制奠定了坚实的基础。它不仅提高了施工方的技术水平和施工效率,还促进了设计方与施工方之间的紧密合作,为工程的顺利实施提供了有力保障。

(二)施工组织设计的编制与审查

施工组织设计作为指导施工全过程的重要文件,其编制与审查工作同样不容忽视。一份优秀的施工组织设计,能够确保施工过程的有序进行,提高施工效率,降低施工成本,是工程项目成功的重要保障。在编制施工组织设计时,应充分考虑工程的特点、施工条件以及资源配备等因素。首先,要明确施工顺序,合理安排各道工序的先后顺序,确保施工过程的连贯性和高效性。其次,要选择合适的施工方法和技术措施,根据工程的具体情况和施工条件,选择最适合的施工方法和技术手段,以确保施工质量和安全。同时,施工组织设计还应包括质量保证措施,明确质量标准和检验方法,确保施工过程的质量控制得到有效落实。审查过程中,应重点关注其科学性和可行性。科学性是指施工组织设计是否符合工程实际,是否采用了先进的施工技术和管理方法;可行性则是指施工组织设计是否能够在现有的施工条件下得到有效实施,是否能够满足工期、质量、成本等多方面的要求。通过严格的审查,可以及时发现并纠正施工组织设计中存在的问题和不足,确保其能够真正发挥指导作用,为工程项目的顺利实施提供有力支撑。

二、材料的质量控制

(一)材料的采购与验收

材料的采购是施工现场材料管理的第一步,也是至关重要的一步。在选择供应商时,应综合考虑其信誉度、历史业绩、生产能力以及售后服务等多方面因素,优先选择那些信誉良好、质量可靠的供应商。同时,还需与供应商签订明确的采购合同,详细约定材料的规格、型号、性能参数、交货时间等关键条款,以确保采购的材料能够满足工程项目的实际需求。在材料进场前,必须进行严格的验收程序。验收工作应由专业的技术人员负责,依据设计要求和国家标准,对材料的外观质量、规格型号、性能参数等进行全面检查。对于外观质量,应检查材料表面是否有裂纹、锈蚀、污染等缺陷;对于规格型号,应核对材料尺寸、形状等是否与设计要求相符;对于性能参数,则应通过专业的检测手段,验证材料的力学性能、物理性能等是否满足标准。一旦发现不合格材料,应立即退货或要求供应商更换,确保不合格材料不得进入施工现场,从源头上把控材料质量。

(二)材料的存储与使用

施工现场应建立完善的材料管理制度,明确材料的存储、保管、领用等流程,确保材料在存储过程中不损坏、不变质。具体来说,应根据材料的性质与特点,选择合适的存储场地与方式。对于易受潮湿影响的材料,如水泥、钢材等,应存放在干燥、通风良好的仓库中;对于易燃易爆材料,则应存放在专门的危险品仓库,并配备相应的消防设施。在使用材料时,应遵循先进先出的原则。这是因为材料在存储过程中,可能会因时间推移而发生性能变化,如强度降低、老化等。因此,在领用材料时,应优先使用先入库的材料,避免材料过期或长时间存放导致性能下降。同时,对于已领用的材料,应妥善保管,避免在运输、加工过程中造成损坏或污染。此外,还应定期对存储的材料进行检查,及时发现并处理存在的问题,确保材料在存储与使用过程中的质量稳定。

三、施工过程的质量控制

(一)施工工艺的控制

施工工艺是建筑工程项目实施过程中的"指南针",它规定了施工的步骤、方法和技术要求,是确保工程质量的基础。在施工过程中,必须严格按照施工工艺流程进行操作,确保每个施工步骤都符合质量要求。这要求施工人员具备扎实的专业知识和操作技能,能够准确理解和执行施工工艺要求。同时,施工管理人员也应加强对施工工艺的监督和检查,通过定期巡查、抽样检验等方式,及时发现并纠正违规操作,确保施工工艺的规范性和一致性。为了进一步提高施工工艺的合理性和可行性,施工单位还应在施工前对施工工艺进行详细的评审和优化。通过组织专家论证、技术交底等活动,对施工工艺的可行性、经济性、安全性等方面进行全面评估,及时发现并解决潜在的问题。此外,施工单位还应积极引进和应用新技术、新工艺,不断提升施工工艺的水平和效率,为工程质量的提升提供有力支撑。

(二)施工测量的精度控制

施工测量是建筑工程项目实施过程中的"眼睛",它决定了工程的位置、尺寸和形状,是确保工程精度和美观性的关键。在施工过程中,必须使用精确的测量仪器和方法进行测量放样,确保施工精度符合要求。这要求测量人员具备专业的测量技能和严谨的工作态度,能够准确、快速地完成测量任务。同时,施工单位还应定期对测量仪器进行校准和维护,保证其准确性和可靠性,避免因仪器误差而影响测量结果的准确性。为了提高施工测量的精度和效率,施工单位还应积极应用现代化的测量技术和设备。例如,使用全站仪、GPS等高精度测量仪器进行定位测量;利用 BIM 技术进行三维建模和测量数据分析;引入自动化测量系统实现测量数据的实时传输和处理等。这些技术的应用不仅能够提高测量的精度和效率,还能够降低测量过程中的人为误差和风险。

(三)隐蔽工程的质量检查

隐蔽工程是建筑工程项目实施过程中容易被忽视但又至关重要的部分。它指的是那些被后续施工所覆盖或隐蔽的工程部位,如基础开挖、钢筋绑扎、管线敷设等。由于隐蔽工程在后续施工中难以直接观察和检查,因此其质量问题往往具有隐蔽性和长期性,一旦出现问题将难以发现和修复。因此,在隐蔽工程施工前,必须进行详细的质量检查和验收程序,确保其质量符合要求后再进行下一道工序的施工。隐蔽工程的质量检查应涵盖所有关键部位和细节,包括钢筋的规格、数量、位置;管线的走向、连接、固定;混凝土的配合比、浇筑质量等。检查过程中应使用专业的检测设备和工具,对隐蔽工程进行全面、细致的检测和分析。同时,施工单位还应建立隐蔽工程质量责任制,明确各岗位人员的质量职责和奖惩措施,确保隐蔽工程的质量得到有效控制。此外,为了进一步提高隐蔽工程的质量水平,施工单位还应加强与其他相关方的沟通与协作。例如,与设计单位保持密切联系,及时了解设计意图和变更情况;与监理单位共同开展质量检查和验收工作,形成有效的质量监控机制;与业主单位保持沟通,及时反馈隐蔽工程的进度和质量情况,提升业主对工程的满意度和信任度。

四、质量事故的预防与处理

(一)质量事故的预防

质量事故的预防是质量管理体系中的首要任务,它要求施工单位在施工过程中始终保持高度的警惕性,通过一系列有效的措施来降低质量事故发生的概率。首先,加强施工过程中的质量检查和监督是至关重要的。施工单位应建立健全质量检查制度,明确检查的内容、频率和责任人,确保施工过程中的每一个环节都能得到及时、有效的监控。同时,还应充分利用现代科技手段,如智能监控系统、远程监测技术等,提高质量检查的效率和准确性。提高施工人员的质量意识和操作技能也是预防质量事故的重要途径。施工单位应加强对施工人员的培训和教育,通过定期举办质量知识讲座、操作技能培训班等方式,不断提升施工人员的专业素养和操作技能。此外,还应建立激励机制,对在质量工作中表现突出的施工人员进行表彰和奖励,激发他们的工作积极性和责任心。除了加强质量检查和监督、提高施工人员素质外,施工单位还应定期对施工过程进行质量评估和风险分析。通过组织专家团队对施工现场进行实地考察和评估,及时发现并消除潜在的质量隐患。同时,结合工程项目的实际情况,制定针对性的风险应对措施,确保施工过程中的质量风险得到有效控制。

(二)质量事故的处理

即使预防措施做得再到位,也难以完全避免质量事故的发生,当质量事故发生时,施工单位应立即采取措施进行调查和分析原因,并根据实际情况制定相应的处理方案。在处理过程中,应坚持"四不放过"原则,即事故原因未查清不放过、责任人员未处理不放过、整改措施未落实不放过、有关人员未受到教育不放过。事故原因的调查和分析是处理质量事故的第一步。施工单位应组织专业团队对事故现场进行详细的勘察和记录，收集相关证据和资料，并通过科学的方法对事故原因进行深入分析。在查明事故原因后，应及时对责任人员进行严肃处理，包括警告、罚款、降级甚至开除等纪律处分，以儆效尤。制定并实施整改措施是处理质量事故的关键环节。施工单位应根据事故原因和实际情况，制定详细的整改方案，明确整改的目标、措施、责任人和时间节点。同时，还应加强对整改过程的监督和管理，确保整改措施得到有效落实。此外，施工单位还应组织相关人员对事故进行深刻反思和总结，吸取教训，举一反三，防止类似事故的再次发生。

第四章　建筑材料与质量管理

第一节　建筑材料的质量要求与检验标准

一、建筑材料的质量要求

(一)物理性能要求

1. 密度与强度

密度是建筑材料的基本物理性质之一,它反映了材料单位体积的质量。不同建筑材料具有不同的密度,这一特性直接影响材料的运输、施工以及建筑物的自重。例如,轻质材料如保温板、轻质隔墙板等,因其密度小,不仅便于运输和安装,还能有效减轻建筑物自重,提高结构稳定性。强度则是建筑材料抵抗外力作用而不被破坏的能力,包括抗压强度、抗拉强度、抗剪强度等。对于承重结构材料,如混凝土和钢材,强度是至关重要的性能指标。混凝土需要具有足够的抗压强度,以承受建筑物在使用过程中产生的垂直荷载;而钢材则需具备良好的拉伸强度和冲击韧性,以确保在地震、风载等动态荷载作用下结构的安全。

2. 硬度与韧性

硬度是材料抵抗局部压力而产生变形的能力,它决定了材料表面的耐磨性和抗刮擦性。对于地板、墙面等装饰材料,硬度是一个重要的考量因素。高硬度的材料能够更好地抵抗日常使用中的磨损和划伤,延长使用寿命。韧性则是材料在受到外力作用时能够吸收能量而不易断裂的性质。对于需要承受冲击荷载的结构材料,如桥梁、高层建筑等,韧性尤为重要。韧性好的材料能够在受到冲击时发生塑性变形,从而吸收并分散能量,避免脆性断裂,提高结构的抗震性能。

3. 耐久性

耐久性是指建筑材料在长期使用过程中保持其原有性能的能力,建筑物需要长期暴露在自然环境中,受到风、雨、雪、日晒等自然因素的侵蚀,因此建筑材料的耐久性至关重要。例如,外墙涂料需要具备良好的耐候性,以抵抗紫外线、雨水等自然因素的侵蚀,保持色彩的持久鲜艳;而混凝土结构则需要通过添加防腐剂、使用高性能混凝土等措施来提高其抗渗性、抗冻融性,从而延长使用寿命。

（二）化学性能要求

1. 抗腐蚀性

抗腐蚀性是建筑材料在潮湿或腐蚀性环境中抵抗化学侵蚀的能力,金属材料如钢铁、铝合金等,在潮湿环境中容易发生锈蚀,导致材料性能下降甚至失效。因此,这些材料在加工过程中通常需要进行防腐处理,如镀锌、喷漆等,以提高其抗腐蚀性。

2. 防火性

防火性是建筑材料在火灾中抵抗燃烧和传递火焰的能力,建筑物的火灾安全是建筑设计中必须考虑的重要因素之一。因此,建筑材料需要具备良好的防火性能,以防止火灾的发生和蔓延。例如,建筑材料可通过添加阻燃剂、使用不燃或难燃材料等方式来提高其防火性。

3. 环保性

随着环保意识的增强,建筑材料的环保性也越来越受到重视。建筑材料在生产、使用和废弃过程中应尽量减少对环境的污染。这要求建筑材料应选用环保原料、采用清洁生产工艺、具有可回收性或可降解性。同时,建筑材料还应符合国家相关环保标准,以确保其在使用过程中不会释放有害物质,保障人体健康和生态环境安全。

(三)尺寸和外观要求

1. 尺寸精度

尺寸精度是建筑材料加工过程中的重要控制指标,建筑材料需要按照设计要求进行精确加工,以确保施工过程的准确性和顺利性。例如,瓷砖、地板等装饰材料需要具有精确的尺寸和平整的表面,以便于铺设和拼接;而预制构件如预制梁、预制板等,则需要具有高精度的尺寸和形状,以确保在现场安装时能够严密对接,提高施工效率和质量。

2. 外观质量

外观质量是建筑材料给人的直观感受,它直接影响建筑物的美观度和整体形象。建筑材料应具有整洁、平滑、色泽均匀等良好的外观质量。例如,外墙涂料需要具有均匀的色泽和光泽度,以提高建筑物的视觉效果;而室内装饰材料则需要具有细腻的质感和丰富的色彩选择,以满足不同装修风格的需求。

3. 定制化与个性化需求

随着建筑设计的多样化和个性化需求的增加,建筑材料的尺寸和外观也需要满足更加灵活多变的要求。建筑材料生产商需要根据建筑设计师的需求,提供定制化的产品和服务,以满足不同项目的特殊需求。例如,数字化技术和3D打印技术,可以生产出具有复杂形状和独特纹理的建筑材料,为建筑设计提供更多的可能性和创意空间。

二、建筑材料的检验标准

(一)遵循国家和行业标准

1. 国家和行业标准的重要性

国家和行业标准是建筑材料检验的法律依据和技术准则,它们规定了各种建筑材料的性能指标、试验方法和检验规则,为材料的质量控制提供了统一的标准和尺度。这些标准的制定,通常是基于大量的科学实验和工程实践,综合考虑了材料的性能要求、使用条件、安全因素以及经济成本等多个方面。因此,遵循国家和行业标准进行材料检验,不仅能够确保检验结果的准确性和可靠性,还能够提高建筑工程的整体质量水平。

2. 标准的执行与监督

在进行材料检验时,必须严格按照相关标准进行操作,包括试样的制备、试验设备的选择、试验环境的控制、试验数据的记录与处理等各个环节。同时,为了加强标准的执行力度,相关部门还应建立健全的监督机制,对材料检验过程进行定期或不定期的抽查和复审,确保检验机构能够严格按照标准进行操作,防止因操作不当或故意违规而导致的检验结果失真。

3. 标准的更新与完善

随着科技的发展和建筑工程技术的进步,建筑材料的种类和性能也在不断更新和变化。因此,国家和行业标准也需要与时俱进,不断进行修订和完善。这要求相关部门密切关注建筑材料的最新发展动态,及时收集和分析新材料、新技术、新工艺的相关信息,为标准的更新提供科学依据。同时,还应鼓励行业内的专家、学者和从业人员积极参与标准的制定和修订工作,共同推动建筑材料检验体系的不断完善和发展。

(二)严格取样与试验方法

1. 取样的代表性

取样是建筑材料检验的第一步,也是影响检验结果准确性的关键因素之一。为了确保取样的代表性,必须根据材料的性质、用途和分布情况,制定合理的取样方案。取样时避免选择特殊位置或异常区域,而应尽量覆盖整批材料的各个部分,以确保试样能够真实反映整批材料的质量状况。此外,对于不同批次的材料,还应分别进行取样和检验,以避免因批次差异而导致的检验结果偏差。

2. 试验方法的规范性

试验方法是建筑材料检验的核心环节,它直接决定了检验结果的准确性和可靠性。因此,在选择试验方法时,必须严格按照国家和行业标准的要求进行操作,确保试验方法的科学性、合理性和可操作性。同时,试验人员还应具备扎实的专业知识和丰富的实践经验,能够熟练掌握各种试验方法的操作步骤和注意事项,避免因操作不当而导致的试验结果失真。

3.试验环境的控制

不同的材料在不同的环境条件下可能会表现出不同的性能特征。因此,在进行材料检验时,必须严格控制试验环境的温度、湿度、光照等条件,以确保试验结果的准确性和可重复性。此外,对于需要特殊环境条件的试验项目,还应配备相应的试验设备和设施,以满足试验要求。

(三)合理确定检验项目与频次

1.检验项目的确定

建筑材料的检验项目应根据材料的性质、用途和重要性来确定。一般来说,关键材料或涉及结构安全的材料需要进行更全面的检验,包括物理性能、化学性能、尺寸外观等多个方面。例如,对于混凝土材料,除了进行抗压强度测试外,还应进行抗渗性、抗冻融性等性能的测试;对于钢材材料,除了进行拉伸强度和冲击韧性的测试外,还应进行化学成分分析、腐蚀性能测试等。全面的检验项目,可以更加准确地评估材料的质量状况,为建筑工程的质量控制提供有力支持。

2.检验频次的调整

检验频次过低可能会导致质量问题的漏检和延误处理;而检验频次过高则会增加检验成本和时间成本,降低施工效率。因此,在确定检验频次时,应根据施工进度和材料变化情况进行灵活调整。对于关键材料或质量波动较大的材料,应适当增加检验频次;而对于质量稳定、使用较少的材料,则可以适当减少检验频次。合理的检验频次安排,可以在保证质量的前提下提高施工效率和经济效益。

3.检验结果的判定与处理

对于合格的材料,可以正常使用;对于不合格的材料,则应根据具体情况进行退货、降级使用或报废等处理。在处理不合格材料时,应严格按照相关规定进行操作,确保处理过程的合法性和合规性。同时,对于检验结果存在争议的情况,应通过仲裁检验或第三方检测等方式进行解决,以确保检验结果的公正性和权威性。此外,还应建立健全的质量追溯机制,对不合格材料的来源、使用情况进行跟踪和记录,为后续的质量追究和改进提供有力依据。表 4-1 常用建筑材料的质量要求与检验标准。

表 4-1 常用建筑材料的质量要求与检验标准

建筑材料	质量要求	检验标准
水泥	1. 无结块、无结皮、无明显变色	1. GB 175-2023《通用硅酸盐水泥》
	2. 凝结时间符合规定	2. 强度、安定性、初凝时间和终凝时间测试
	3. 强度达到标准	
钢筋	1. 无锈蚀、无明显变形	1. GB/T 1499-2018《钢筋混凝土用钢》
	2. 抗拉强度符合设定要求	2. 拉伸测试确定屈服点、抗拉强度和延伸率
砂浆	1. 配合比符合规定	1. JGJ 52-2006《普通混凝土用砂、石质量及检验方法标准》
	2. 黏度适中	2. 颗粒级配、含泥量、泥块含量测试
	3. 黏结强度满足要求	
砖石	1. 长度、宽度符合尺寸范围	1. GB/T 10294-2008(砖块相关部分)
	2. 无明显色差	2. 抗压强度、吸水率测试
	3. 抗压强度满足设计要求	
防水材料	1. 优异的防水性能	1. GB/T 18242-2008《弹性体改性沥青防水卷材》
	2. 耐候性好	2. 拉伸强度、断裂伸长率、耐水性和耐化学性测试
玻璃	1. 光洁无瑕疵	1. GB 15763—2009《建筑用安全玻璃》
	2. 抗冲击能力强	2. 抗冲击测试、光学性能测试

续表4-1

建筑材料	质量要求	检验标准
涂料	1. 光洁无瑕疵	相关涂料和油漆的测试标准（如黏度、耐磨性和耐候性测试）
	2. 耐磨性好	
	3. 耐候性好	

第二节 新型建筑材料在质量管理中的应用

一、新型建筑材料的特性分析

(一)高性能与多功能性

新型建筑材料凭借其前沿的制造工艺与独树一帜的材料设计理念,成功实现了性能上的显著飞跃与全面提升。以高性能混凝土为例,此类材料通过精准的配比优化与创新的制备技术,不仅大幅度增强了其抗压及抗折的力学性能,使之能够承受更为严苛的荷载条件,而且展现出卓越的耐久性,有效抵御环境侵蚀与岁月磨砺,同时,其优异的抗渗性能更是为建筑结构的防水防潮提供了坚实屏障。另一方面,轻质隔墙板作为另一新型建筑材料的代表,通过采用先进的材料复合技术与结构设计,巧妙地融合了轻质、高强、隔音、保温等多重功能特性于一体,不仅极大地减轻了建筑物的自重,提升了施工效率与灵活性,还显著增强了居住空间的舒适度与私密性,满足了现代建筑对于节能、环保与高效利用的迫切需求。这些高性能与多功能性的新型建筑材料,在满足日益复杂多变的建筑设计需求的同时,也为工程项目的质量管理开辟了更为广阔的空间与更为坚实的保障。

(二)环保与可持续性

环保与可持续性作为新型建筑材料的核心特征之一,其重要性在全球环境保护意识日益增强的背景下愈发凸显。当前,众多新型建筑材料正逐步转向采用可再生资源或回收材料作为其主要原料,例如,再生塑料凭借其循环利用的特性,有效减少了塑料废弃物对环境的污染;而竹材作为一种快速生长、可再生的自然资源,其应用不仅减轻了对森林资源的依赖,还促进了生态平衡的维护。此外,这些新型建筑材料在生产与使用的全生命周期中,均致力于降低能耗与减少污染物排放,通过优化生产工艺、采用清洁能源以及实施节能减排措施,显著减轻了对环境的负担。这一环保与可持续性的特性,促使新型建筑材料在质量管理领域更加关注环保指标的量化评估与生命周期的环境影响分析,从而推动建筑工程向绿色化、低碳化方向转型,实现了经济效益与生态效益的双重提升。

(三) 智能化与可定制性

智能化与可定制性作为新型建筑材料的又一标志性特征,正随着物联网、大数据等前沿技术的蓬勃发展而日益彰显其独特魅力。在这一趋势下,部分新型建筑材料已初步具备自感知、自调节乃至自修复等智能化功能,它们能够实时监测自身状态,根据环境变化自动调节性能参数,甚至在遭受损伤时自我修复,从而显著提升了建筑材料的适应性与可靠性。与此同时,新型建筑材料还展现出了高度的可定制性,能够依据建筑工程的具体需求,如特定的力学性能、美学效果或功能要求,进行个性化设计与生产,确保了建筑材料与建筑设计的完美融合。这种智能化与可定制性的结合,不仅为质量管理带来了前所未有的灵活性与精准度,使得建筑材料的性能与质量得以更加严格地控制与优化,而且极大地提升了建筑工程的整体质量与安全性,为建筑行业的智能化转型与高质量发展注入了新的活力与动力。

二、新型建筑材料对质量管理体系的完善

(一) 推动标准更新与升级

新型建筑材料的涌现,无疑对现行建筑材料标准体系构成了严峻挑战,迫切要求相关部门与时俱进,对标准进行全面更新与升级,以保障标准的时效性

与前沿性。鉴于新型建筑材料在组成成分、结构特性、功能表现等方面均展现出显著不同于传统材料的特征,其性能指标与评价体系也需相应地进行革新。这就要求标准制定机构深入剖析新型建筑材料的内在机理,明确其独特的性能参数与指标要求,如力学性能、耐久性、环保性、智能化水平等,并据此设计科学合理的试验方法,以确保材料性能的准确评估与验证。此外,新型建筑材料在应用场景与施工工艺上的特殊性,也需在标准中予以详细规范,为材料的选择、使用、检验及质量控制等环节提供明确而具体的指导。通过这一系列标准的更新与升级,不仅能够促进新型建筑材料的规范化应用,还能够为建筑行业的质量管理奠定坚实的标准基础,推动整个行业向更高水平迈进。

(二)强化质量控制流程

新型建筑材料的应用,以其独特的性能特征与多元化的功能表现,对既有的质量控制流程提出了更为严苛的要求。鉴于这些材料在物理、化学及力学性质上可能迥异于传统建材,传统的质量控制策略与手段往往难以全面覆盖其特性评估与性能验证的需求。因此,必须依据新型建筑材料的独特属性,精心设计一套专属的质量控制流程。这一流程应涵盖从原材料取样、样品制备、性能测试、质量检验到最终产品验收的每一个环节,确保每一步操作都能精准反映材料的真实性能。同时,为了保障质量控制流程的有效实施与持续改进,还需构建一套完善的监督与管理机制。这包括但不限于对流程执行情况的定期审计、对关键控制点的严格监控、对异常数据的及时分析与处理,以及对流程本身的不断优化与调整。

(三)提升质量管理人员素质

新型建筑材料的应用,对质量管理领域的人员专业素质提出了更为严格的要求。鉴于这些材料在性能特征、制造工艺、应用场景等方面的不断创新与突破,质量管理人员必须持续更新知识体系,深入掌握新型建筑材料的各项性能特点、应用方法及其背后的科学原理。这不仅要求他们具备扎实的材料科学与工程基础,还需紧跟行业前沿动态,及时了解并掌握最新的质量管理理论与实践。同时,为了有效应对新型建筑材料带来的挑战,加强质量管理人员的培训与教育显得尤为重要。这包括定期组织专业培训课程、开展学术交流活动、引入实战案例分析等多种方式，旨在全面提升质量管理人员的综合素质与业务能力。

三、新型建筑材料在施工过程中的质量控制

（一）施工前的准备与策划

在施工活动正式展开之前，针对新型建筑材料进行全面的了解与细致评估是至关重要的一环。此过程需深入剖析材料的各项性能特点，包括但不限于其力学性能、耐久性、环保性、智能化水平及与其他材料的兼容性等，以确保所选材料能够精准满足工程需求。同时，对新型建筑材料的使用方法、施工技巧及潜在注意事项的熟练掌握，也是保障施工质量的关键。在此基础上，结合施工图纸与施工方案的具体要求，制订出一套详尽的施工计划显得尤为必要。该计划应明确施工流程、关键节点、资源调配及质量控制标准等核心内容，确保施工活动的有序进行。此外，还需依据新型建筑材料的特性，设计有针对性的质量控制措施，涵盖材料检验、过程监控、成品验收等多个环节，以形成全方位、全过程的质量管理体系。

（二）施工过程中的监控与管理

在施工进程中，对新型建筑材料的严密监控与高效管理显得尤为重要。首先，施工人员必须严格遵循施工图纸与施工方案的既定要求，确保每一种新型建筑材料都能被准确无误地应用与安装。这要求施工人员不仅熟悉材料性能，还需精通施工工艺，以实现材料与设计的完美融合。其次，加强施工现场的巡视与检查工作同样不可或缺。定期或不定期的实地勘察，可以及时发现施工过程中潜在的质量隐患与偏差，并迅速采取有效措施予以纠正，从而确保工程质量始终处于受控状态。最后，建立一套完备的施工记录与质量档案体系，对于后续的质量追溯与评估具有深远意义。该体系应详细记录施工过程中的各个环节，包括材料使用情况、质量检验数据、问题处理记录等，为工程质量的长期跟踪与评估提供翔实、可靠的数据支持。

（三）施工后的验收与评估

施工活动竣工后，对新型建筑材料开展系统而严格的验收与评估工作，是确保工程质量与效果的最后一道关键防线。验收阶段，须严格依据国家相关标准及行业规范，对新型建筑材料进行全面而细致的检验与测试。这不仅包括对材料基本物理、化学性能的验证，还应涵盖其在实际应用中的功能表现与耐久性评估，确保所用材料的质量全面符合设计要求与工程预期。而在评估环节，则需从材料的使用效果、性能稳定性、环境适应性及与其他建筑元素的协同作用等多个维度进行综合考量与分析。通过构建科学的评估指标体系，采用定量与定性相结合的方法，对新型建筑材料的应用成效进行全面而客观的评价，旨在为未来同类工程的材料选择与应用提供有价值的参考与借鉴。

四、新型建筑材料对建筑工程质量的长期影响

（一）提升建筑工程的耐久性

新型建筑材料，以其卓越的耐久性能，在建筑工程领域展现出了非凡的应用价值。这些材料经过精心设计与先进制造工艺的锤炼，具备了抵御各类自然环境因素侵蚀与人为破坏的出众能力。无论是面对极端气候条件的考验，如高温、低温、潮湿、盐雾等，还是承受机械应力、化学腐蚀等人为因素的挑战，新型建筑材料均能保持稳定而优异的性能表现。因此，在建筑工程中广泛采用新型建筑材料，可以显著提升整个工程结构的耐久性，有效延长工程的使用寿命。这一优势不仅减少了因材料老化、损坏而导致的频繁维修与更换成本，还大幅降低了工程长期运营的经济负担。同时，工程耐久性的提升也增强了建筑的安全性与可靠性，为使用者的生命财产安全提供了更为坚实的保障。

（二）增强建筑工程的安全性

新型建筑材料，凭借其在强度、韧性及抗震性等方面的显著优势，为建筑工程的结构性能与安全水平带来了革命性的提升。相较于传统材料，新型建筑材料在承受外力作用时展现出更高的强度与韧性，能够有效抵御因荷载过

大或意外冲击导致的结构破坏。特别是在抗震性能方面,这些材料通过优化微观结构与组成成分,实现了对地震能量的有效吸收与分散,从而大幅提高了建筑物的抗震能力。因此,在建筑工程中广泛应用新型建筑材料,不仅可以显著增强工程的整体结构性能,使其在面对自然灾害如地震时表现出更强的抵御能力,还能够全面提升工程的安全性,为人民群众的生命财产安全提供更为可靠的保障。

(三)促进建筑工程的绿色化发展

新型建筑材料,以其独特的环保与可持续性特性,为建筑工程的绿色化发展提供了有力支撑。这些材料在研发与生产过程中,充分考虑了环境保护与资源节约的原则,通过采用可再生资源、优化材料配方及创新制造工艺等手段,显著降低了材料生产及使用过程中的环境污染与能源消耗。在建筑工程中广泛应用新型建筑材料,不仅能有效减少施工过程中的废弃物排放与有害物质释放,从而减轻对周边生态环境的破坏,还能通过其优异的保温隔热、节能降耗等性能,显著降低建筑运营阶段的能耗与碳排放。这一转变不仅符合当前全球范围内倡导的绿色低碳发展理念,也是推动建筑工程领域实现可持续发展目标的关键路径。此外,新型建筑材料的环保与可持续性特性还有助于提升建筑项目的整体品质与市场竞争力,满足社会对于生态文明建设的迫切需求,为构建资源节约型、环境友好型社会贡献重要力量。

第三节 建筑材料采购与库存管理

一、建筑材料采购策略

(一)供应商选择与管理

1. 供应商评估

供应商评估是供应链管理的首要环节,其核心在于通过一套全面、客观的评价体系,筛选出资质齐全、信誉良好、生产能力强大、价格合理且质量可靠的供应商。具体而言,评估体系应涵盖以下几个维度:检查供应商是否具备合法经营资质,包括营业执照、生产许可证、质量管理体系认证等,确保供应商合法合规运营。通过市场调研、历史合作记录、客户反馈等方式,了解供应商的商业信誉与行业口碑,优先选择那些在市场上有良好声誉的供应商。评估供应商的生产规模、技术实力、设备先进程度及生产效率,确保其能够满足建筑工程对新型建筑材料的大量、快速需求。在保证质量的前提下,对比不同供应商的价格水平,考虑长期合作中的成本效益,选择性价比高的供应商。通过样品测试、现场考察、第三方认证等手段,严格把控供应商提供的新型建筑材料质量,确保材料符合绿色、环保、可持续的标准。

2. 供应商关系维护

在选定优质供应商后,如何维护并深化双方的合作关系,成为供应链管理的又一关键。这要求企业与供应商之间建立基于信任、尊重与互惠互利的长期合作机制。设立定期会议或交流会,就市场需求、生产计划、质量控制、价格调整等关键议题进行深入沟通,确保信息透明,减少误解与冲突。鼓励供应商参与企业的新产品研发、技术革新过程,通过技术合作、资源共享等方式,促进双方共同发展与成长,增强合作的深度与广度。面对市场波动、原材料价格上涨等不确定因素,企业与供应商应建立风险共担机制,共同应对挑战,增强供应链的韧性与稳定性。

3. 供应商激励与约束

为了持续激发供应商的积极性与创造力,同时确保供应链的高效运行,企业需要实施有效的激励与约束机制。通过提供价格优惠、增加订单量、优先付款等激励措施,鼓励供应商提升服务质量、缩短交货周期、优化产品性能。这种正向激励能够激发供应商的主动性与创新性,促进供应链整体效能的提升。建立供应商绩效考核体系,定期对供应商的交货准时率、产品质量合格率、售后服务满意度等指标进行评估。对于表现优异的供应商给予表彰与奖励,对于考核不合格的供应商则进行警告、整改甚至淘汰处理。这种考核机制能够确保供应商始终保持高标准、严要求,维护供应链的稳定与高效。

(二)采购计划制订

1. 需求预测

需求预测是采购计划制订的基石,其准确性直接影响到后续采购活动的效率与成本。在新型建筑材料采购中,需求预测应综合考虑工程进度、施工图纸以及材料清单等多重因素。工程进度是预测材料需求的时间轴,详细分析工程的时间节点与施工顺序,可以大致估算出各阶段对各类材料的需求时间。这要求项目管理人员与施工人员紧密沟通,确保工程进度信息的准确传递。施工图纸提供了材料需求的详细清单,仔细解读施工图纸,可以明确所需材料的种类、规格以及大致数量。在这一过程中,应特别注意图纸中的变更与修订,及时调整需求预测。结合材料清单,对各类材料的需求进行汇总与分类。对比历史项目数据、考虑材料损耗率等因素,可以进一步细化需求预测,为采购计划的制订提供可靠依据。这种基于工程实际的需求预测方法,能够确保采购活动的针对性与准确性,避免材料浪费与短缺现象的发生。

2. 采购时机选择

采购时机的选择直接影响采购成本与材料供应的及时性。在新型建筑材料采购中,应综合考虑市场行情、材料价格走势以及供应商的供货周期等因素。市场行情是采购时机选择的重要参考。关注行业动态、分析材料价格的历史走势与未来预测,可以把握市场价格的波动规律。在价格相对较低时进行采购,可以有效降低采购成本。同时,供应商的供货周期也是不可忽视的因素。不同供应商的供货周期可能因生产能力、库存水平以及运输方式等因素而有所不同。因此,在选择采购时机时,应与供应商充分沟通,了解其供货能力与时间安排,确保材料能够及时到货,满足工程进度的需要。此外,还应考虑资金流动性与库存管理成本等因素。通过综合权衡这些因素,选择最佳的采购时机,可以实现采购成本与供应效率的双重优化。

3. 采购批量决策

在新型建筑材料采购中,应根据材料的性质、存储成本以及运输费用等因素,确定合理的采购批量。对于易变质、易损坏的材料,应适当减少采购批量,以降低存储风险;而对于稳定性好、保质期长的材料,则可以考虑增加采购批量,以享受批量折扣优惠。存储成本也是不可忽视的考虑因素,过多的库存会增加仓储费用与资金占用成本,而过少的库存则可能导致材料短缺与采购成本的上升。因此,在确定采购批量时,应充分考虑存储成本与经济效益的平衡。运输费用也是影响采购批量的重要因素,对于远距离运输或运输成本较高的材料,应适当增加采购批量,以降低单位材料的运输成本。

(三)采购合同管理

1. 合同条款明确

采购合同作为连接供需双方的法律纽带,其条款的明确性与完备性直接关系到双方权益的保障程度。在新型建筑材料采购中,合同应详细列明以下关键要素:包括材料的名称、规格型号、数量、单价等,确保所采购材料符合工程需求与设计标准。明确材料的质量要求、检测方法及验收标准,为后续的质量控制提供法律依据。规定交货时间、地点、方式及运输责任,确保材料能够按时、安全地送达施工现场。设定合理的付款方式、比例及时间节点,既保障供应商的资金回笼,又避免采购方的资金压力。明确双方在违约情况下的责任承担方式,包括赔偿、退货、解除合同等,为纠纷解决提供法律依据。通过构建详尽且明确的合同条款框架,不仅为双方的合作奠定了坚实的基础,也减少了因信息不对称或理解偏差导致的合作障碍,提升了合同执行的效率与透明度。

2. 合同履行监督

合同履行监督是确保供应商按照合同约定提供材料和服务的关键环节,在新型建筑材料采购中,应建立一套全面、动态的监督机制:通过定期现场检查、进度报告审核等方式,跟踪供应商的生产进度、材料质量及交货情况,确保合同条款得到严格执行。建立有效的信息反馈机制,及时将检查中发现的问题或不符合项反馈给供应商,并要求其限期整改。对于供应商的违约行为,应依据合同条款采取相应措施,如警告、罚款、暂停支付、解除合同等,以维护采购方的合法权益。通过严格的合同履行监督,可以及时发现并纠正合同履行过程中的偏差,确保采购活动的顺利进行,同时也有助于提升供应商的履约能力与信誉度。

3. 合同风险管理

合同风险管理是降低采购活动不确定性、保障双方利益的重要手段。在新型建筑材料采购中,应对合同中可能存在的风险进行全面识别与分析,并制定相应的风险应对措施:考虑材料价格波动因素,设定价格调整机制,如根据市场价格指数调整单价,或约定在一定范围内价格波动不予调整等。加强质量控制与验收环节,设立严格的质量保证金制度,对质量问题进行严厉处罚。评估供应商的供货能力与稳定性,建立备选供应商库,以应对突发情况导致的供应中断。

二、建筑材料库存管理方法

(一)库存分类管理

在库存材料的管理实践中,依据材料的性质、用途及其在整个项目或生产流程中的重要性,实施分类管理是一种高效且科学的策略。具体而言,对于那些使用频率高、对项目进展至关重要的常用材料及关键材料,应将其视为重点管理对象。这意味着需要实时监控这类材料的库存水平,确保其始终保持在一个既不过剩也不短缺的理想状态,从而避免因材料短缺而导致的生产中断或延误。同时,对这类材料的质量把控也需格外严格,通过定期的质量检测与供应商评估,确保其质量可靠,符合项目要求。而对于那些使用频率相对较低或仅作为辅助材料的物品,则可采用更为灵活的库存管理策略。这包括根据实际需求调整库存量,甚至在必要时采取零库存或按需采购的方式,以减少资金占用和仓储成本。通过这样的分类管理,不仅可以提高库存管理的效率和准确性,还能在确保关键材料供应稳定的同时,优化整体库存结构,降低管理成本,为企业或项目的顺利运行提供有力支撑。

(二)库存量控制

1. 安全库存设置

安全库存的设置是库存管理中的一项重要策略,旨在应对供应链中断、需求波动等不确定性因素,确保材料供应的连续性与稳定性。在新型建筑材料领域,由于材料种类繁多、供货周期不一,以及市场需求易受制度、经济、天气等多重因素影响,合理设置安全库存显得尤为重要。安全库存量的确定需综合考虑材料的消耗速度、供货周期以及市场波动情况。通过对历史消耗数据的深入分析,结合未来需求的预测,可以较为准确地估算出材料的平均消耗速度与潜在需求峰值。同时,与供应商沟通,了解供货周期与可能的延误风险,为安全库存的设置提供时间维度上的参考。此外,密切关注市场动态,特别是原材料价格波动、制度变化等可能影响供应链稳定性的因素,及时调整安全库存量,以应对潜在的市场风险。通过科学设置安全库存,不仅可以在供应链中断或需求激增时提供缓冲,确保生产不受影响,还能在一定程度上降低因缺货而导致的成本上升与客户满意度下降,从而增强供应链的韧性与企业的市场竞争力。

2. 库存周转率提升

库存周转率是衡量库存管理效率的重要指标,反映了企业资金利用效率与库存成本控制能力。在新型建筑材料库存管理中,提升库存周转率意味着要减少库存积压,加速材料流转,从而降低库存成本,提高运营效率。实现库存周转率的提升,首要任务是优化库存结构。通过对库存材料的分类管理,区分常用材料、关键材料与不常用材料,根据材料的性质与用途,采取不同的管理策略。对于常用材料与关键材料,确保库存量充足且质量可靠;对于不常用材料,则可采用更为灵活的库存管理策略,如减少库存量,甚至实施按需采购。此外,采用先进的库存管理方法,如先进先出(FIFO)原则,可以有效减少材料过期或变质的风险,提高库存材料的可用性。FIFO 原则要求先入库的材料先出库,确保了库存材料的新鲜度与质量,同时也促进了库存的快速周转。通过不断优化库存结构与管理方法,企业可以显著降低库存成本,提高资金利用效率,为企业的持续发展奠定坚实基础。

3. 零库存管理

零库存管理是一种极端的库存管理策略,旨在通过最小化库存量,甚至实现零库存,来降低库存成本与资金占用。在新型建筑材料领域,对于部分特殊材料或高价值材料,零库存管理策略具有显著的优势。实施零库存管理,关键在于与供应商建立紧密的合作关系。通过长期稳定的合作,企业与供应商之间可以形成高度信任与默契,实现信息的实时共享与需求的快速响应。在这种合作模式下,企业可以根据实际需求,即时向供应商下单,供应商则能够快速响应,确保材料的即时供应。这种按需采购的方式,不仅降低了库存成本,还减少了资金占用,提高了企业的财务灵活性。然而,零库存管理也伴随着一定的风险,如供应链中断、供应商响应速度慢等。因此,在实施零库存管理时,企业需要谨慎评估自身与供应商的合作基础与市场环境,制订完善的应急计划,以确保在意外情况下仍能保持生产的连续性与稳定性。

(三)库存盘点与清查

定期对库存材料进行全面而细致的盘点和清查,是库存管理中一个至关重要的环节。这一过程不仅能够确保库存数据的准确无误与完整无缺,还是发现潜在问题、优化库存管理的有效途径。通过盘点,企业可以清晰地掌握各种材料的实际库存情况,及时发现材料的短缺、过剩或损坏等异常状况。对于短缺的材料,可以迅速启动补货流程,避免因材料不足而影响生产进度或客户需求;对于过剩的材料,则可以考虑调整采购计划或寻找合适的销售渠道,以减少库存积压和资金占用;对于损坏的材料,则应及时进行报废处理或寻求赔偿,避免损失进一步扩大。同时,盘点结果还能为后续的采购计划制订和库存量调整提供可靠的数据支持,使企业能够根据实际需求和市场变化,做出更加科学合理的决策。

(四)库存保管与养护

1. 仓储环境优化

仓储环境是库存材料保存的首要条件,其适宜性直接关系材料的质量稳定与使用寿命。新型建筑材料种类繁多,性质各异,对仓储环境的要求也各不相同。因此,根据材料的性质和要求,为库存材料提供适宜的仓储环境是库存管理的首要任务。对于易受温度、湿度影响的材料,如木材、涂料等,应严格控制仓储空间的温度与湿度,避免材料因温湿度变化而发生变形、霉变等质量问题。同时,良好的通风条件也是保持仓储环境干燥、避免潮湿的重要措施。对于需要避光保存的材料,如某些塑料制品、化学品等,应设置遮光设施,以减少光线对材料性能的影响。此外,仓储环境的清洁度与卫生条件也不容忽视。定期清扫仓储空间,保持环境整洁,可以有效减少灰尘、杂物对材料的污染,为材料提供一个干净、卫生的保存环境。

2. 材料堆放管理

合理的堆放方式和位置不仅可以确保材料的安全,还能方便存取,提高仓储空间的利用效率。在材料堆放时,应根据材料的性质、形状、重量等因素,选择合适的堆放方式。对于重型材料,应采用稳固的堆放架或垫板,以防止材料因重量过大而压损或造成安全隐患。对于易碎、易变形的材料,则应采取轻柔的堆放方式,并设置必要的保护措施,以减少运输和堆放过程中的损坏。同时,对于易燃、易爆、有毒等危险材料,须采取特殊的安全措施进行保管。这类材料应单独存放于专门的危险品仓库中,并设置明显的安全警示标志。仓库内应配备相应的消防器材和急救设施,以确保在紧急情况下能够迅速应对。

3. 材料养护与保养

通过防锈、防潮、防虫等处理措施,可以有效延长材料的使用寿命并保持其性能稳定。对于易受腐蚀的金属材料,应定期进行防锈处理,如涂抹防锈油、使用防锈包装等。对于易受潮湿影响的材料,如木材、纸张等,应采取防潮措施,如使用干燥剂、设置通风设备等。同时,定期检查材料表面是否有虫蛀、霉变等现象,并及时进行处理,以防止问题进一步扩大。此外,对于某些需要特殊保养的材料,如机械设备、电子产品等,还应按照制造商的保养手册进行定期维护和保养。这包括清洁、润滑、检查部件磨损情况等工作,以确保材料在需要时能够正常运转并发挥其应有性能。

第四节 建筑材料的质量追溯与责任追溯

一、建筑材料质量追溯的实现途径

(一)建立信息化追溯平台

信息化追溯平台作为建筑材料质量追溯体系的核心支撑,深度融合了物联网、大数据、云计算等前沿技术,构筑起一个贯穿原材料采购、生产加工、成品检测、仓储物流直至施工现场使用的全链条信息生态系统。该平台通过精密设计的传感器网络和智能识别技术,实时捕捉并记录每一批次建筑材料在供应链各环节的详细状态信息,包括但不限于原料来源、生产工艺参数、质量检测数据、物流轨迹及施工现场应用情况等。借助云计算的强大数据处理能力,这些信息被高效整合、存储于云端数据库中,形成全面、准确、可追溯的数据链。平台不仅实现了数据的即时更新与同步,还提供了强大的查询、统计与分析功能,允许用户根据特定需求快速检索材料信息,进行多维度数据分析,为质量问题的及时发现、精准定位与有效追溯提供了坚实的技术支撑。此外,通过数据挖掘与智能算法的应用,平台还能辅助预测潜在的质量风险,为建筑材料行业的质量控制与持续优化提供科学依据,进一步提升了整个产业链的质量管理水平与效率。

(二)唯一性标识

对每种建筑材料实施唯一性标识,诸如二维码、RFID(无线射频识别)标签等先进技术手段,构成了建筑材料质量追溯体系中的关键基石。这些标识如同建筑材料的"数字身份证",不仅确保了材料在复杂供应链中的唯一可识别性,而且蕴含了丰富的信息内涵,包括但不限于材料的准确名称、详细规格、精确生产日期、唯一生产批号以及明确的生产商信息等核心数据。通过这些标识,无论是在原材料的入库检验、生产加工的流程监控,还是在成品的仓储管理、物流运输,乃至施工现场的具体应用,都能实现对建筑材料的快速识别与精确追踪。此做法极大地提升了质量追溯的效率与准确性,使得在材料使用的任何阶段,都能迅速回溯到其源头信息,为及时发现并处理质量问题、明确责任归属提供了强有力的技术保障。同时,这种唯一性标识的应用,也为建筑材料的信息化管理、库存优化以及供应链协同等高级功能奠定了坚实的基础,推动了建筑材料行业向更加智能化、透明化的方向发展。

(三)强化过程控制与记录

在建筑材料的生产流程中,强化对原材料检验、生产加工、成品检测等核心环节的质量控制与详尽记录,是构建高质量追溯体系的必然要求。为实现这一目标,应广泛采用自动化检测设备、高精度智能传感器等先进技术手段,对生产过程中的各项关键参数进行实时监测与精确采集。这些数据包括但不限于原材料的化学成分、物理性能,生产加工过程中的温度、压力、时间等工艺参数,以及成品的质量特性、尺寸精度等。通过将这些实时生产数据无缝上传至信息化追溯平台,不仅确保了数据的即时性与准确性,还使得每一道工序的质量状态都变得可追溯、可验证。这种全面的数据记录与集成,为生产过程中的质量控制提供了强有力的数据支持,使得任何偏离质量标准的异常都能被及时发现并纠正,从而有效避免了质量问题的累积与传递。

(四)建立第三方检测与认证机制

在建筑材料质量追溯体系中,引入具备高度权威性与公正性的第三方检测与认证机构,作为质量把控的关键一环,对于确保整个追溯体系的有效性具有不可估量的价值。这些第三方机构,以其专业的技术能力、独立的检测地位以及严格的质量标准,定期对建筑材料实施全面而深入的质量检测,或根据特定需求进行不定期的专项检测。检测内容广泛覆盖材料的物理性能、化学成分、耐久性、环保指标等多个维度,旨在全方位评估材料的质量水平。通过这一系列科学、严谨的检测流程,第三方机构出具的检测报告与认证证书,不仅为建筑材料的合规性与可靠性提供了权威证明,更在质量追溯过程中扮演了至关重要的角色。这些检测结果,作为追溯体系中的核心数据支撑,为识别质量问题、追溯责任源头、验证改进措施的有效性提供了坚实依据,从而极大增强了质量追溯体系的公信力与执行力,为建筑材料行业的健康发展与消费者权益保护筑起了一道坚实的防线。

二、责任追溯机制的构建

(一)细化责任界定,明确各方主体职责

作为建筑材料的源头,供应商需确保提供的原材料符合国家标准及合同约定的质量要求,提供完整的产品合格证明及必要的检测报告,并承担因原材

料质量问题引发的连带责任。生产商需建立健全内部质量管理体系,对生产过程进行严格监控,确保产品符合设计要求及行业标准。同时,生产商还需对产品进行出厂检验,并提供详细的产品说明书及质保书,对因其生产环节导致的质量问题承担直接责任。作为连接生产商与施工单位的桥梁,销售商需确保所售产品的来源合法、质量可靠,不得销售假冒伪劣产品。同时,销售商应建立完善的销售记录制度,以便在需要时追溯产品流向,对因其销售行为导致的质量问题承担相应责任。施工单位在选用建筑材料时,应严格审查材料的质量证明文件,确保使用的材料符合设计要求及工程质量标准。在施工过程中,施工单位还需对材料进行妥善保管,避免因不当操作导致的材料损坏或性能下降,对因其施工不当导致的工程质量问题承担主要责任。监理单位作为工程质量的监督者,应全程参与建筑材料的选购、验收及使用过程,对材料的质量进行严格把关。监理单位需对发现的质量问题及时报告,并督促相关责任方进行整改,对因其监理失职导致的工程质量问题承担监理责任。通过合同、协议等法律文件的形式,将上述各方的责任与义务明确下来,不仅有助于增强各方的质量意识与责任感,也为后续的质量追溯与责任追究提供了有力的依据。

(二)构建高效责任追溯流程,确保问题可追溯

当建筑材料出现质量问题时,一个高效、清晰的责任追溯流程是快速定位问题、查找原因、追究责任的关键。一旦发现建筑材料存在质量问题,无论是通过施工过程中的检测、工程监理的反馈,还是用户的投诉,都应立即进行问题的识别与报告,确保问题得到及时关注与处理。利用建立的质量追溯平台,输入问题材料的相关信息,如批次号、生产商等,快速定位材料的来源及流转路径,为后续的责任追溯提供基础数据。根据质量追溯平台提供的信息,逐一排查各责任主体的责任落实情况,包括原材料供应商、生产商、销售商、施工单位及监理单位,确定问题发生的具体环节及责任主体。依据合同条款及行业规范,对责任主体进行责任追究,包括赔偿损失、整改问题、承担罚款等。同时,要求责任主体制定整改措施,防止类似问题再次发生。通过构建一个闭环的责任追溯流程,不仅能够快速响应质量问题,还能有效促进各责任主体的自

我约束与持续改进。

(三)强化市场监督与自律机制,提升行业整体水平

除了明确的责任界定与高效的追溯流程外,强化市场监督与自律机制也是确保建筑材料质量的重要途径。鼓励行业协会建立行业自律规范,对会员单位进行定期的质量评估与信用评级,对表现优秀的单位给予表彰与奖励,对违规单位进行通报批评与处罚,形成行业内部的良性竞争与自我约束。消费者是建筑材料的最终使用者,也是质量问题的直接受害者。通过设立消费者投诉热线、开展质量满意度调查等方式,鼓励消费者积极参与建筑材料的质量监督,为提升产品质量提供宝贵的反馈与建议。媒体作为信息传播的重要渠道,可以对建筑材料的质量问题进行曝光与追踪报道,引起社会广泛关注,推动问题得到及时解决。同时,媒体还可以对优秀企业进行宣传报道,树立行业标杆,引领行业健康发展。通过强化市场监督与自律机制,不仅能够提升建筑材料的整体质量水平,还能增强消费者对建筑行业的信心与信任。

(四)推动社会共治,形成质量提升合力

建筑材料的质量追溯与责任追究体系是一个涉及多方利益的复杂系统,需要行政部门、企业、消费者、媒体及社会各界共同参与、共同治理。建立由行政部门、行业协会、企业、消费者代表等组成的沟通平台,定期召开会议,就建筑材料的质量问题、改进措施及行业发展方向进行深入交流与探讨,形成共识与合力。通过举办质量知识讲座、培训班、研讨会等形式,提高各行业人员对建筑材料质量的认识与重视程度,提升整个行业的质量意识与水平。鼓励公众对建筑材料的质量问题进行举报,对提供有效线索的举报人给予一定的物质奖励或精神表彰,激发社会各界参与质量监督的积极性与主动性。通过推动社会共治,形成行政部门引导、企业主体、社会参与的质量提升合力,共同推动建筑材料行业的健康发展与持续进步。

第五节 建筑材料的环保与可持续发展

一、绿色材料的选择与开发

(一) 天然与可再生材料的优选与可持续性

在追求建筑与环境和谐共生的过程中，天然与可再生材料的选用显得尤为重要。竹材、木材、石材等天然材料，凭借其固有的自然美感和生态属性，成为现代建筑设计中不可或缺的元素。这些材料不仅来源广泛，易于获取，更关键的是，它们在使用后可以较为容易地回归自然或实现循环利用。例如，竹材作为一种速生的可再生资源，其生长周期短，再生能力强，且具有优良的力学性能和环保特性，因此在现代建筑和家居设计中备受青睐。此外，以植物纤维、再生塑料、生物基聚合物等为原料的可再生材料，也在建筑行业中得到了广泛应用。这些材料不仅减少了对石油等非可再生资源的依赖，而且有助于降低碳排放，从而实现建筑行业的绿色转型。使用这些可再生材料，可以有效减少对环境的负面影响，同时推动建筑行业的可持续发展。

(二) 低环境影响材料的环保优势

随着环保意识的日益增强，选择低环境影响材料已成为建筑行业的重要趋势。这类材料在生产过程中具有能耗低、排放少、无毒无害或低毒低害的特点，对于保护生态环境和人体健康具有重要意义。例如，低 VOC (挥发性有机化合物) 涂料在使用过程中不会释放有害物质，有助于创造更加健康安全的室内环境。同样，无铅焊锡和环保混凝土等材料的广泛应用，也显著降低了建筑行业对环境的污染。低环境影响材料不仅有助于保护环境，还能提高建筑的能效和舒适性。例如，使用环保型保温材料可以有效减少能源消耗，提高建筑的保温性能；而环保型防水材料则能够起到更好的防潮防漏效果，从而延长建筑的使用寿命。这些材料的广泛应用，将为建筑行业的可持续发展提供有力支持。

(三)高性能与多功能材料

随着科技的进步,高性能与多功能材料在建筑领域的应用日益广泛。这些材料不仅具有高强度、高耐久性等基础性能,还融合了自洁性、保温隔热性等多功能特性,为现代建筑设计带来了更多的可能性。例如,气凝胶保温材料凭借其卓越的保温性能和轻便的特点,在建筑节能领域具有广阔的应用前景;自洁玻璃则能有效减少清洁成本,保持建筑外观的持久清新;而智能调光窗则能根据环境光线自动调节透光度,提高室内舒适度的同时降低能源消耗。高性能与多功能材料的开发和应用,不仅提升了建筑的使用体验和能效水平,还通过减少维护需求和延长建筑使用寿命,间接降低了整个建筑的生命周期环境负担。这些材料的创新应用,不仅展示了科技与环保的完美结合,也为建筑行业的未来发展指明了方向。

二、设计创新促进环保与节能

(一)模块化与可拆卸设计

在建筑领域,模块化与可拆卸设计正逐渐成为推动可持续发展的重要手段。通过模块化设计,建筑材料和构件得以在标准化的基础上实现高效组装、拆卸和更换,这一理念不仅简化了施工流程,提高了建筑效率,更在深层次上响应了环保和循环经济的号召。具体来说,模块化的构建方式意味着各个组件可以独立存在,当建筑需要改造或升级时,只需更换相应的模块,而无须整体重建,从而显著延长了材料的使用寿命,减少了因频繁拆建而产生的建筑废弃物。此外,可拆卸设计的引入进一步强化了建筑的灵活性和可持续性。它允许建筑在达到使用寿命后,其组成部分能够被轻松拆解并分类回收,这样不仅降低了废弃物处理的难度和成本,还为资源的再利用提供了可能。综合来看,模块化与可拆卸设计不仅提升了建筑的适应性和经济性,更在环境保护和资源节约方面展现出了显著的优势。

(二)生态设计原则

生态设计原则,如生命周期评估(LCA)和绿色设计导则,正逐渐成为现代建筑设计不可或缺的指导思想。这些原则强调从产品的整个生命周期出发，全面考虑其对环境的潜在影响，包括材料选择、产品设计、生产制造、包装运输以及最终的使用和废弃处理等环节。通过这种方式，设计师能够在早期阶段就识别出可能的环境问题，并采取相应的预防措施，从而最小化资源消耗和环境负荷。在建筑设计中，遵循生态设计原则意味着要优先选择那些环境友好、可再生或可循环利用的材料，同时注重建筑的能效和环保性能。例如，利用生命周期评估工具来指导材料选择，可以确保所选材料在整个生命周期内都具有较低的环境影响。此外，生态设计原则还鼓励设计师采用被动式设计策略，如自然采光、通风和热能收集等，以减少建筑对主动式能源系统的依赖，进而降低其运行过程中的碳排放。

（三）集成化与智能化设计

随着科技的不断发展，集成化与智能化设计已经成为提升建筑能效、实现节能减排的重要手段。这些设计方法充分利用了物联网、大数据、人工智能等先进技术，将各种智能设备和系统整合到建筑管理中，从而实现了对建筑材料和能源使用的精细化控制。具体来说，通过集成化设计，建筑内的各个系统（如照明、空调、安防等）能够实现高效协同，避免了因各自为政而造成的能源浪费。而智能化设计的引入，则使得这些系统能够根据环境变化和用户需求进行自动调节。例如，智能温控系统可以根据室内外温度和湿度实时调整空调的运行模式，以确保舒适度的同时最小化能源消耗；自适应遮阳系统则能够根据太阳光的照射角度和强度自动调整遮阳板的位置，从而有效减少眩光和过热问题。这些智能化功能的实现，不仅提高了建筑的能效水平，还为用户带来了更加便捷和舒适的使用体验。

三、生产过程的优化与绿色转型

（一）清洁能源与节能技术

在当今全球气候变化和资源紧张的背景下，清洁能源与节能技术的推广显得尤为重要。通过采用太阳能、风能等可再生能源替代传统的化石能源，不仅能够有效减少碳排放,还能降低对有限资源的依赖。这些可再生能源具有无污染、可持续利用的特点,对于推动建筑行业的绿色转型具有重要意义。同时,节能技术的广泛应用也是实现低碳建筑的重要途径。例如,节能窑炉和高效电机的使用,能够显著提高能源利用效率,减少生产过程中的能源消耗。这些技术的推广,不仅有助于降低建筑行业的运行成本,还能在宏观层面减轻对环境的压力,促进可持续发展。综合来看,清洁能源与节能技术的应用是实现建筑行业绿色化、低碳化的关键措施。

(二)循环经济模式

循环经济模式作为一种全新的经济发展方式,正逐渐在建筑行业中得到广泛应用。该模式以资源的高效利用和循环利用为核心,旨在构建闭环生产系统,实现原材料的循环利用和废弃物的资源化利用。在建筑行业中,循环经济模式的实践主要体现在废旧建筑材料的回收再利用以及工业废弃物的掺和利用等方面。通过回收废旧建筑材料,如混凝土、砖瓦等,进行再加工和再利用,不仅可以减少对新资源的需求,还能有效减少建筑废弃物的产生。同时,工业废弃物的掺和利用也是一种创新的资源利用方式,通过将其掺入建筑材料中,既解决了废弃物的处理问题,又实现了资源的再利用。

(三)清洁生产技术与标准

清洁生产技术是减少生产过程中污染物排放、提高资源利用效率的重要手段。在建筑行业中,推行清洁生产技术如无尘作业、废水循环利用、废气净化处理等,能够显著降低施工过程中的粉尘、废水、废气等污染物的排放,从而改善施工现场及周边环境的质量。同时,遵循国际环境管理标准如 ISO 14001 等,对于提升建筑行业的环境管理水平具有积极意义。这些标准为企业提供了一套系统的环境管理框架和指南,帮助企业识别、评估和控制其活动对环境的影响。通过实施这些标准,建筑企业可以不断完善自身的环境管理体系,提高员工的环境意识,确保各项环保措施得到有效执行。

四、建筑材料的循环利用与再生利用

(一) 建筑废弃物分类与回收

随着城市化进程的加速,建筑废弃物的产生量逐年增加,给环境带来了巨大压力。因此,建立完善的建筑废弃物分类收集体系显得尤为重要。这一体系的核心在于对可回收材料进行细致的分拣、清洗和加工,从而为其再生利用提供高质量的原料。建筑废弃物的分类收集不仅有助于减少垃圾填埋和焚烧所产生的环境污染,更能提高资源的回收利用率。通过对废弃物进行科学分类,可以更有效地识别出具有再利用价值的材料,如废钢筋、废混凝土、废砖瓦等。这些材料在经过适当的处理后,可以作为再生原料重新投入建筑生产中,从而实现资源的循环利用。实施建筑废弃物分类与回收策略,需要行政部门、企业和社会的共同努力。行政部门应制定相关制度,鼓励和支持建筑废弃物的分类回收工作;企业应积极参与废弃物的回收和处理,提高资源的利用效率;社会各界也应加强宣传教育,提高公众的环保意识和参与度。

(二) 再生材料的研发与应用

再生材料的研发与应用是实现建筑行业可持续发展的重要途径。随着科技的进步,再生建筑材料如再生混凝土、再生塑料建材、废旧木材复合材料等不断涌现,为建筑行业的绿色发展注入了新的活力。再生材料的研发需要依托先进的技术手段和创新思维。例如,通过改进生产工艺和提高材料性能,可以研发出具有高强度、耐久性好、环保性能优异的再生混凝土;利用废旧塑料和木材等废弃物,可以研发出具有轻质、防火、隔音等特性的新型建材。这些再生材料的广泛应用,不仅可以减少对原生资源的依赖,还能有效降低建筑行业的环境污染。为了推动再生材料的应用,行政部门和企业应加大投入,支持相关技术的研发和创新。同时,还应加强标准制定和市场监管,确保再生材料的质量和安全性能达到国家标准,从而为其在建筑行业的广泛应用提供有力保障。

(三)建筑拆除与重建的循环经济策略

在建筑拆除与重建过程中,采用循环经济策略是实现建筑资源最大化利用的关键。选择性拆除技术作为一种先进的拆除方法,能够在拆除过程中最大化地保留有价值的建筑材料和构件,为新建或改建项目提供可利用的资源。通过选择性拆除技术,可以对建筑物进行精细化的拆解,将具有再利用价值的材料和构件进行分离和回收。这些材料和构件在经过必要的修复和加工后,可以重新用于建筑项目中,从而减少对新材料的需求和对环境的破坏。为了实现建筑拆除与重建的循环经济策略,行政部门应制定相关制度,鼓励和支持采用选择性拆除技术的企业;同时,还应加强监管力度,确保拆除过程中产生的废弃物得到妥善处理。此外,企业也应积极参与循环经济建设,提高自身的环保意识和责任感;通过技术创新和管理创新来推动建筑资源的循环利用和可持续发展。

第五章　建筑工程检测与验收

第一节　建筑工程检测的目的与方法

一、建筑工程检测的目的

(一)确保工程质量与安全

质量是工程的生命线,而安全则是工程实施的前提和基础。通过全面细致的检测工作,可以对建筑材料、构件和结构进行全面的质量把控和安全评估。这不仅涉及材料的力学性能、化学稳定性等基础指标,还包括构件的连接方式、整体结构的稳定性等关键要素。在实际操作中,检测人员会采用各种先进的检测技术和设备,如无损检测、结构健康监测等,以实现对工程质量和安全的全方位监控。通过及时发现并处理潜在的质量问题和安全隐患,可以有效防止因材料缺陷、施工失误等原因引发的工程质量事故和安全事故,从而保障人民群众的生命财产安全,维护社会的稳定与和谐。

(二)符合设计要求与标准

建筑工程设计是工程建设的灵魂,它根据特定的功能需求和规范标准,为工程的实施提供了明确的方向和目标。而建筑工程检测则是验证工程是否达到这些设计要求和标准的重要手段。通过科学、严谨的检测过程,可以确保工程的各项指标(如尺寸精度、承载能力、耐久性等)严格符合设计要求,从而满足使用功能和耐久性要求。在设计要求与标准的验证过程中,检测工作不仅关注单一指标是否达标,更注重各项指标之间的协调性和整体性。这种全面性的考量有助于发现设计中的潜在问题和不足,为设计优化提供有力的数据支持。同时,通过与设计单位的紧密合作,检测单位可以及时反馈检测结果,为设计的持续改进和完善提供有力保障。

(三)指导施工与整改

通过定期或不定期的检测,可以及时发现施工过程中的质量问题和安全隐患,为施工单位提供及时、准确的反馈。这些反馈信息不仅有助于施工单位调整施工方案、改进施工工艺,还可以指导其进行必要的整改工作。在指导施工与整改的过程中,检测单位会结合工程实际情况和具体问题,提出针对性的解决方案和改进措施。这些方案和措施既考虑了施工效率的提升,又注重了施工质量的保障。通过实施这些改进方案,施工单位可以减少不必要的返工和浪费,提高施工效率和质量,从而确保工程的顺利进行和按期交付。

(四)提供验收依据

建筑工程竣工后,全面的验收工作是确保工程质量和安全的最后一道关卡。而建筑工程检测数据和报告则是验收工作的重要依据。这些数据和报告客观、准确地反映了工程在施工过程中的质量状况和安全性能,为验收人员提供了全面、翔实的评估材料。在验收过程中,检测单位会向验收人员提交完整的检测报告和相关数据资料。这些资料包括了工程各个阶段的检测结果、问题分析以及整改情况等关键信息。通过对这些资料的仔细审查和分析,验收人员可以对工程的整体质量和安全性能做出科学、合理的评价,从而为工程的顺利交付和使用提供有力保障。

(五)促进技术进步与创新

建筑工程检测不仅是对现有技术和标准的验证过程,更是对新技术、新材料的探索和应用过程。通过不断的检测实践和经验积累,可以发现现有技术的不足和潜在问题,为新技术的研发和创新提供有力的数据支撑和实践基础。同时,通过对新材料的性能测试和评估,可以推动新材料在建筑工程中的广泛应用和普及。检测单位在促进技术进步与创新方面扮演着重要角色。他们不仅积极参与新技术、新材料的研发工作,还与高校、科研机构等保持紧密的合作关系,共同推动建筑行业的技术进步和创新发展。

二、建筑工程检测的方法

(一)材料检测

1. 外观检查

在建筑工程中,材料的外观检查目的在于确保所选用材料在视觉上无明显缺陷,同时满足设计要求和行业规范。这一过程涉及对材料表面的细致观察,以检查是否存在裂纹、锈蚀、污渍或其他可能影响材料性能和美观度的缺陷。此外,对材料的尺寸和规格进行精确测量也是外观检查的重要组成部分。尺寸检查的目的在于验证材料的几何尺寸是否与设计图纸和规范要求相吻合。任何尺寸上的偏差都可能导致安装困难、结构不稳定或功能失效。因此,检测人员需利用精确的测量工具,如卡尺、卷尺或激光测距仪等,对材料的长度、宽度、厚度等关键尺寸进行逐一核查。规格检查则侧重于确认材料的类型、等级和性能参数是否符合设计要求。不同类型的材料具有不同的特性和用途,而同一类型材料的不同等级也对应着不同的性能指标。通过核对材料的合格证明、产品标签或相关技术文档,检测人员能够确保所选材料在规格上满足工程需求,从而为建筑的安全性和耐久性提供基础保障。

2. 物理性能检测

物理性能检测是建筑工程材料检测中不可或缺的一环,其目的在于通过一系列试验手段,定量地测定材料的各项物理性能指标,从而全面评估材料的力学性能和耐久性。这些指标包括但不限于密度、吸水率、抗压强度等,每一项都直接关系到材料在建筑中的使用效果和寿命。例如,密度检测可以帮助了解材料的紧实程度,进而推断其承重能力和稳定性;吸水率检测则揭示了材料在潮湿环境下的抗渗性能,对于防水要求较高的工程尤为重要;而抗压强度检测更是直接关系到材料的承载能力,是评估结构安全性的关键指标。通过这些精细化的物理性能检测,不仅能够确保所选材料在力学性能上满足设计要求,还能预测材料在长期使用过程中可能出现的性能退化情况,从而为建筑的维护和修缮提供有力依据。

3.化学成分分析

在进行化学成分分析时,检测人员通常采用先进的化学分析技术,如光谱分析、色谱分析等,以准确测定材料中各种元素的含量和比例。这些数据不仅反映了材料的纯度和杂质含量,还能间接推断出材料的力学性能、耐腐蚀性、热稳定性等关键性能参数。通过化学成分分析,可以从微观层面了解材料的构造和特性,为材料的选择和使用提供科学依据。同时,这一步骤也有助于发现材料中的潜在缺陷或污染物,从而及时采取措施避免工程质量问题和安全隐患。

(二)结构检测

1.混凝土结构检测

混凝土结构作为现代建筑的主要组成部分,其安全性和稳定性至关重要,采用专业设备对混凝土结构进行全面细致的检测,是确保建筑安全的关键环节。混凝土结构检测主要运用超声波、回弹仪等先进技术设备,针对混凝土结构的强度、裂缝以及钢筋位置等核心指标进行检测。这些设备能够穿透混凝土表层,深入内部结构,从而精准地获取混凝土的实际状态信息。通过超声波检测,可以了解混凝土内部的密实程度、裂缝分布情况以及钢筋的锈蚀状况。回弹仪则主要用于测定混凝土的表面硬度,进而推算出其抗压强度。这些数据的综合分析,能够为提供混凝土结构承载能力的准确评估,帮助判断其是否满足设计要求和使用安全标准。此外,混凝土结构检测还关注裂缝的发展情况。裂缝是混凝土结构常见的病害之一,它的存在会严重影响结构的整体性和耐久性。通过定期检测,可以及时发现裂缝的萌生和扩展趋势,为后续的维修和加固工作提供有力依据。

2.钢结构检测

钢结构以其高强度、轻质化和良好的延性在现代建筑中得到广泛应用,钢结构在长期使用过程中可能受到各种因素的影响,产生焊缝裂纹、疲劳损伤等缺陷,威胁建筑的安全。因此,钢结构检测成为确保建筑安全不可或缺的一环。钢结构检测主要采用磁粉探伤、超声波探伤等无损检测方法。这些方法能够在不破坏钢结构完整性的前提下,精准地识别和定位缺陷。磁粉探伤通过磁化钢结构并在其表面施加磁粉,利用缺陷处磁场的变化来显示缺陷的存在。超声波探伤则利用超声波在钢结构中的传播特性,通过接收和分析回波信号来判断缺陷的位置和大小。通过这些检测方法的应用,能够及时发现并处理钢结构中的潜在缺陷,避免其进一步发展成为安全隐患。

3. 木结构检测

木结构作为传统建筑的重要构成部分,在现代建筑中也占有一定地位,木材易受环境、生物等因素的影响,可能出现腐朽、虫蛀等病害,从而降低木结构的使用性能和安全性。因此,对木结构进行定期检测,及时发现并处理病害,是维护建筑安全的重要措施。木结构检测主要关注木材的腐朽程度、虫蛀情况以及连接部位的稳固性。通过目视检查、敲击听声等传统方法,结合现代的红外热像仪、应力波检测技术等,可以全面评估木结构的健康状况。这些检测方法能够揭示木材内部的腐朽和虫蛀情况,以及连接部位是否存在松动或损坏。基于检测结果,可以制定针对性的维修和加固方案,及时消除安全隐患,恢复木结构的使用性能和美观度。

(三)节能与环境检测

1. 保温隔热性能检测

通过对建筑物所使用的保温材料和隔热构造进行全面检测,可以准确评估其保温隔热效果,进而分析建筑的能耗状况。这一检测过程不仅有助于揭示建筑外围护结构在热工性能方面的优劣,还能为建筑能效提升和节能改造提供科学依据。在实施保温隔热性能检测时,专业的检测团队会采用热流计、红外热像仪等先进设备,对墙体、屋顶、门窗等关键部位的保温材料和隔热构造进行细致的检测。这些设备能够精确测量材料的热传导系数、热阻值等关键参数,从而定量评估其保温隔热性能。通过这些数据,可以深入了解建筑在不同环境条件下的能耗特点,为制定更为合理的节能措施提供有力支持。此外,保温隔热性能检测还有助于发现建筑外围护结构中的潜在热桥和热漏问题,这些问题往往是导致建筑能效低下的重要原因。通过及时的检测和整改,可以有效减少能源浪费,提高建筑的整体效能和舒适度。

2. 室内环境检测

在现代建筑中，由于装修材料、家具等可能释放有害物质，如甲醛、苯等挥发性有机化合物(VOCS)，这些物质对人体健康构成潜在威胁。因此，对室内环境进行全面的检测，及时发现并控制这些有害物质的含量，对于保护居住者的健康与安全至关重要。室内环境检测通常包括空气采样、实验室分析以及数据解读等多个环节。专业的检测人员会使用高精度的采样设备，在室内不同区域进行空气样本的采集。随后，这些样本将被送往实验室进行详细的化学成分分析，以确定空气中各种有害物质的准确含量。通过室内环境检测，不仅可以了解室内空气质量的整体状况，还能针对具体问题采取有效的改善措施。例如，更换环保材料、增加通风设施等，以降低有害物质的浓度，提升室内环境的健康性。

3. 噪声与振动检测

随着城市化进程的加快，交通噪声、建筑施工噪声以及各类设备振动对人们的居住和工作环境产生了越来越大的影响。因此，对建筑物进行噪声与振动检测，及时发现并控制这些不利因素，对于营造宁静舒适的居住与工作环境具有重要意义。在噪声与振动检测中，专业的检测团队会采用声级计、振动仪等先进设备，对建筑物内外的噪声源和振动源进行详细的测量和分析。这些设备能够准确捕捉噪声和振动的频率、强度等关键参数，从而帮助检测团队全面了解建筑在不同时间和空间条件下的声环境和振动状况。通过噪声与振动检测，可以发现潜在的噪声污染和振动影响问题，如交通噪声超标、设备振动传递等。针对这些问题，可以采取有效的隔声降噪和减振措施，如安装隔音窗、使用减振支座等，以降低噪声和振动对人们生活和工作的干扰，提升整体的居住与工作舒适度。

（四）功能性检测

1. 防水性能检测

防水性能检测是对建筑物防水层进行全面评估的重要过程，旨在检查其防水效果和耐久性，从而确保建筑物的结构安全和室内环境的舒适度。防水层作为建筑物的重要保护屏障,其性能直接关系建筑物的使用寿命和居住质量。因此,通过专业的防水性能检测,可以及时发现防水层可能存在的问题,为后续的维护和修复提供有力的数据支持和改进方向。在进行防水性能检测时,会对防水层进行全面的检查和测试,包括但不限于防水材料的物理性能、施工工艺的质量以及防水层与基层的结合情况等方面。通过这些检测,不仅可以评估防水层当前的防水效果,还能预测其未来的耐久性,为建筑物的长期安全使用提供保障。

2. 防火性能检测

防火性能检测是确保建筑物防火安全的关键环节,通过对建筑物的防火构造和材料进行深入检查,验证其是否符合相关的防火规范和要求。在现代城市中,火灾的危害性不容忽视,因此建筑物的防火性能显得尤为重要。通过科学的防火性能检测,可以及时发现并纠正建筑中存在的火灾隐患,从而大大降低火灾发生的风险。防火性能检测包括对建筑内的消防设施、防火分隔、安全疏散等方面进行全面的评估。此外,还会对建筑材料进行燃烧性能测试,以确定其在火灾中的表现。这些检测数据不仅有助于了解建筑物的防火等级,还能为消防部门的应急救援提供重要参考。

3. 隔音性能检测

隔音性能检测是对建筑物隔音效果进行量化评估的过程,旨在测定建筑物对噪声的隔绝能力,进而为创造宁静舒适的居住和工作环境提供科学依据。在当今嘈杂的城市环境中,良好的隔音性能已成为评价建筑物品质的重要指标之一。隔音性能检测通常涉及对建筑物墙体、门窗、楼板等关键隔音构件的传声损失测量。通过这些测量数据,可以准确评估建筑物在不同频率下的隔音效果,并识别出可能的隔音薄弱环节。基于这些检测结果,建筑师和工程师可以采取相应的改进措施,如增强隔音材料的使用、优化隔音结构设计等,以提升建筑物的整体隔音性能。

第二节　建筑工程质量验收的标准与程序

一、建筑工程质量验收标准

(一)主体结构质量

主体结构作为建筑工程的骨架,其质量直接关系建筑物的安全稳定性、耐久性和抗震性能。主体结构主要由承重墙体、梁、柱、楼板等构件组成,它们共同构成了建筑物的稳定支撑体系。主体结构的设计必须严格遵守国家现行的建筑结构设计规范,确保结构形式、尺寸、布局等均满足设计要求。验收时,需要通过计算复核或现场实测,验证结构构件的承载力是否满足设计荷载要求,包括恒载、活载及特殊荷载(如风载、雪载)等。主体结构的尺寸、位置及形位精度是评价施工质量的重要指标。验收时,应使用精密测量工具对构件的尺寸(如长宽高、截面尺寸)、位置(如轴线偏移、标高差异)以及形位(如垂直度、平整度)进行精确测量,确保误差控制在允许范围内。钢筋和混凝土是主体结构的主要材料,其强度和性能直接影响结构的安全性。验收时,需要检查钢筋的规格、型号、数量是否符合设计图纸,混凝土的强度等级是否满足要求,并通过抽样检测或试验验证其力学性能。此外,构造连接的可靠性也是关键,如钢筋的绑扎、焊接质量,以及混凝土构件之间的接缝处理等,均需仔细检查。针对地震多发地区,主体结构的抗震性能尤为重要。验收时,应评估结构的抗震设防烈度是否符合当地抗震设防要求,检查抗震构造措施(如圈梁、构造柱、剪力墙等)的设置是否到位,以及结构整体抗震性能的模拟分析或实验验证结果。

(二)防水、隔热、隔音工程质量

防水工程需根据建筑物的使用功能和环境特点,选择合适的防水材料和技术。验收时,应检查防水层的材料质量、层数、厚度及施工工艺是否符合设计要求,通过闭水试验或淋水试验检验防水层的抗渗性能,确保无渗漏现象。

隔热工程旨在减少室外热量对室内环境的影响,提高能源利用效率。验收时,需要检查隔热材料的导热系数、密度等性能指标,以及隔热层的铺设方式、厚度等是否符合设计要求。同时,可通过热工性能检测评估隔热效果。验收时,应关注隔音材料的吸声系数、隔声量等声学性能,以及隔音构造(如双层玻璃、隔音墙等)的安装质量。通过现场声级计测量或模拟声环境测试,评估隔音效果是否满足设计要求。

(三)装饰装修工程质量

装饰装修材料应符合环保、安全、耐用等要求。验收时,需要检查材料的质地、色泽、规格等是否符合设计选型,施工工艺(如粘贴、涂刷、镶嵌等)是否精细,确保装饰面平整光滑、无色差、无裂缝。装饰装修工程的细节处理(如边角收口、缝隙填充等)体现了施工水平的高低。验收时,应仔细检查这些细节部位的处理是否到位,同时检查成品保护措施是否有效,避免在后续施工中造成损坏。门窗作为建筑物的开口部分,其质量和安装效果直接影响使用功能和安全性。验收时,需要检查门窗的材质、尺寸、开启方式等是否符合设计要求,五金配件(如合页、锁具、把手等)是否安装牢固、操作灵活。

(四)给排水工程质量

给排水管道应选用符合标准的材质(如PPR、PVC、铸铁管等),确保耐腐蚀、耐压、耐温变。验收时,需要检查管道及其附件(如阀门、水表、接头等)的规格、型号、质量是否符合设计要求,安装是否牢固、密封性是否良好。给排水系统的功能测试是验收的重要环节,应进行水压试验,检查管道系统的承压能力;进行通水试验,检查水流是否顺畅、无渗漏;对于排水系统,还需检查排水坡度、排水口设置是否合理,以及排水能力是否满足设计要求。给排水系统应设置必要的安全防护措施,如防倒流装置、防爆装置等,确保用水安全。同时,应关注系统的节能设计,如采用节水型洁具、优化管道布局等,减少水资源浪费和能源消耗。

(五)电气工程质量

电线、电缆作为电气传输的媒介,其导电性能、绝缘层质量及耐火等级需严格符合国家标准。开关、插座、灯具等终端设备不仅要求外观美观、操作便捷,更需具备相应的安全认证,如 CCC(中国强制认证)或 UL(美国保险商试验所)认证。验收时,应逐一核对产品规格、型号及合格证明。电气线路敷设应遵循最短路径原则,减少电能损耗,同时避免交叉干扰。接线工艺需符合电气安全规程,如采用正确的接线方式(如星形、三角形接线)、确保接线端紧固无松动、使用合格的绝缘材料包裹等。验收时,应通过目视检查结合专业工具检测,确保安装规范、接线无误。绝缘电阻测试是评估电气线路安全性的关键指标,通过测量线路间及线路对地的绝缘电阻值,判断是否存在漏电风险。接地电阻测试则用于验证接地系统的有效性,确保在雷电或故障情况下能迅速将电流导入大地,保护人身和设备安全。验收时,需要使用专业仪器进行这两项测试,并记录测试结果,确保符合规范要求。随着智能化技术的发展,电气系统也逐步融入智能家居元素,如智能照明控制、能源管理系统等。验收时,应评估这些智能化功能的实用性和稳定性,同时考察电气系统的节能设计,如采用 LED 节能灯具、变频调速技术等,以减少能源消耗。

(六)空调与通风工程质量

空调设备(包括中央空调、分体式空调等)的选型应基于建筑物的面积、高度、朝向及人员密度等因素综合考虑。通风设备(如风机、换气扇等)则需根据室内空间布局和通风需求合理配置。验收时,应核对设备型号、规格及性能参数,确保满足设计要求。空调与通风系统的安装需遵循严格的施工规范,包括管道布局合理、接口密封严密、支架固定牢靠等。系统调试则是确保设备正常运行、达到预期效果的关键步骤。验收时,应检查安装细节,同时进行系统试运行,测试制冷/制热效果、风量分配及噪声水平等。空调管道需进行保温处理,以减少能量损失;通风管道则需确保密封性良好,防止外界污染物进入室内。验收时,应检查保温材料的厚度、密度及安装质量,同时使用烟雾测试或压力测试检查管道的密封性。空调与通风系统应配备空气净化装置,如过滤网、空气净化器等,以保障室内空气质量。同时,系统的能效比也是重要考量因素。验收时,应评估空气净化效果及系统能效,确保系统既满足健康需求又节能减排。

（七）消防设施工程质量

消防设施包括消防栓、灭火器、火灾报警系统、自动喷水灭火系统等。验收时,应检查各类设备的性能参数、有效期及配置数量是否符合规范要求。消防设施的联动性是关键,如火灾报警系统与自动喷水灭火系统、排烟系统的联动。验收时,应进行消防联动试验,模拟火灾情况,检验各系统是否能迅速响应、协同工作。消防管道系统的布置应合理,便于维护和使用;施工质量则需确保管道连接紧密、无渗漏。验收时,应检查管道系统的布局、材质及施工质量,同时进行水压试验以验证其承压能力。除了硬件设施外,消防设施的有效使用还依赖于人员的操作技能和应急意识。验收时,应检查相关人员的培训记录及消防演练情况,确保在紧急情况下能够迅速有效地使用消防设施。

（八）绿化工程质量

绿化植物的选择应基于当地气候、土壤条件及景观效果综合考虑。验收时,应检查植物品种、规格及数量是否符合设计要求,同时评估其生长状态及适应性。植物的种植技术(如土壤处理、种植深度、浇水频率等)直接影响其成活率及生长状况。养护管理则包括修剪、施肥、病虫害防治等。验收时,应检查种植技术是否规范,养护措施是否到位。绿化工程不仅追求美观的景观效果,还应注重生态效益,如改善空气质量、减少噪声污染等。验收时,应评估绿化工程对周边环境的改善效果,以及其对生态系统的贡献。绿化工程的可持续性体现在其长期维护和管理上,应检查是否有完善的维护计划,包括定期修剪、病虫害防治、土壤改良等,以确保绿化工程的长期效益。

二、建筑工程质量验收的程序

（一）检验批验收

检验批作为工程验收流程中的最小单位,其验收程序的严谨性直接关系到整个工程质量的把控。首先,施工单位需进行严格的自检,确保每一道工序、每一个环节均符合设计要求和施工规范,这是申请验收的前提条件。在自检合格的基础上,施工单位向专业监理工程师正式提交验收申请。随后,监理工程师迅速响应,组织施工单位的项目专业质量检查员、专业工长等关键人员共同参与验收工作。验收过程中,各方人员细致入微地核查施工质量,确保每一项指标均达到既定标准。验收结束后,所有参与验收的人员均需在"检验批质量验收记录"上郑重签字并盖章,以此作为验收合格的正式凭证。这一系列步骤的严格执行,不仅保障了工程质量,也体现了工程管理流程的规范性和严肃性。

(二)隐蔽验收

在隐蔽工程即将被覆盖或隐蔽之前,施工单位必须进行全面而细致的自检,确保所有施工内容均符合设计要求及规范标准,这是申请隐蔽工程验收的基础。验收过程中,每一细节均不放过,确保隐蔽工程的质量无可挑剔。验收合格后,会形成详细的验收资料,包括验收记录、检测数据等,这些文件不仅是对隐蔽工程质量的官方认可,也将成为工程最终竣工验收时的重要参考依据。

(三)分项工程验收

分项工程验收,作为工程质量控制体系中的重要环节,是在检验批验收全部合格的基础上有序展开的。这一过程始于施工单位的严格自检,施工单位需对分项工程内的所有检验批进行逐一核查,确保每一检验批均达到既定的质量标准。验收过程中,不仅关注实体质量,还重视质量验收记录的完整性、真实性,确保每一项数据都能真实反映工程质量状况。

(四)分部工程验收

分部工程验收,作为工程质量控制的关键节点,是在其下属所有分项工程均验收合格的基础上进行的。验收程序严谨而细致,首先由施工单位进行全面自检,确保分部工程内的每一项分项工程均达到质量标准。对于地基与基础、主体结构等至关重要的分部工程,还需邀请勘察、设计单位工程项目负责人参与验收,以确保关键部位的质量万无一失。分部工程验收的合格条件严苛,不仅要求所含分项工程全部合格,还需质量控制资料完整真实、安全及功能抽样检测结果达标,同时观感质量也需符合相关规定,确保分部工程既内在坚实又外在美观。

（五）竣工验收

竣工验收是建筑工程质量验收的最后一道程序。验收程序包括施工单位提交工程竣工报告、建设单位组织勘察、设计、施工、监理等单位制定验收方案、审阅工程档案资料、实地查验工程质量以及形成验收意见等步骤。竣工验收的合格条件包括完成建设工程设计和合同约定的各项内容、有完整的技术档案和施工管理资料、有工程使用的主要建筑材料、建筑构配件和设备的进场试验报告、有勘察、设计、施工、工程监理等单位分别签署的质量合格文件以及有施工单位签署的工程保修书等。建设单位在竣工验收合格后应及时向建设行政主管部门办理备案手续。

第三节　隐蔽工程与分项工程的验收

一、隐蔽工程验收的重要性及流程

隐蔽工程,顾名思义,是指在建筑施工过程中,那些将被后续工程所覆盖或遮蔽的工程部分。由于其特殊的隐蔽性,一旦施工完成后即难以直接检查其质量,因此隐蔽工程验收成为确保建筑质量的关键环节。在隐蔽工程验收过程中,应严格按照规定的流程进行,确保每一步都符合建筑规范和设计要求。

（一）自检与预验收

施工单位在完成隐蔽工程施工后,首要任务是进行内部自检。这一步骤至关重要,因为它是确保工程质量的第一道防线。检查内容涵盖结构安全性、材料使用合规性、施工工艺正确性等多个方面。自检不仅是对工程质量的全面梳理,更是对施工单位自身技术与管理水平的一次考验。通过自检,施工单位能够及时发现并纠正施工中存在的问题,从而确保工程质量符合设计要求。

只有在自检合格的基础上,施工单位才能向监理单位提出预验收申请,进入下一阶段的验收流程。

(二)提交验收资料

预验收申请提出后,施工单位需向监理单位提交一套完整、准确的验收资料。这些资料是监理单位对隐蔽工程质量进行全面评估的重要依据,因此必须确保其真实性、完整性和规范性。验收资料包括但不限于施工图纸、施工记录、材料合格证明、质量检测报告等。在提交资料时,施工单位应严格按照监理单位的要求进行整理和归档,确保每一份资料都能够清晰、直观地反映隐蔽工程的实际情况。同时,施工单位还应积极配合监理单位的工作,及时解答和补充相关资料,以确保验收工作的顺利进行。

(三)监理单位验收

监理单位在收到施工单位的预验收申请和验收资料后,将组织专业人员进行现场验收。这是隐蔽工程验收流程中的核心环节,也是确保工程质量的关键所在。监理单位在验收过程中,将严格按照建筑规范、设计要求及国家相关标准进行检查。验收过程中,监理单位将对隐蔽工程的各个方面进行深入细致的检查,包括结构安全性、使用功能性、材料性能等。同时,监理单位还将对施工单位在施工过程中执行的质量管理体系、质量控制措施等进行评估,以确保整个施工过程的合规性和有效性。

(四)整改与复验

在验收过程中,如果监理单位发现隐蔽工程存在质量问题或不符合设计要求的情况,将及时通知施工单位进行整改。施工单位在接到整改通知后,应立即组织专业人员进行问题排查和原因分析,并制定切实可行的整改方案。整改完成后,施工单位需向监理单位提交整改报告,并申请进行复验。监理单位将对整改情况进行认真核查,确保所有问题都得到彻底解决,且整改措施符合相关规范和要求。只有通过复验并确认整改合格,隐蔽工程才能进入下一阶段的施工或使用。

（五）验收记录与存档

隐蔽工程验收合格后,监理单位将出具详细的验收报告。这份报告是对整个验收过程的全面记录,包括验收时间、地点、参与人员、检查内容、发现问题及整改情况等各个方面。验收报告不仅是对隐蔽工程质量的客观评价,也是后续工程维护和管理的重要依据。除了验收报告外,监理单位还应将所有与隐蔽工程验收相关的资料进行整理归档,形成完整的工程竣工资料。这些资料将作为建筑工程档案的重要组成部分,为未来的工程维修、改造和管理提供宝贵的历史数据和参考依据。同时,通过对这些资料的深入分析和总结,还能够为类似工程的施工提供有益的借鉴和启示。

二、分项工程验收的要点及方法

（一）施工质量检查

在进行施工质量检查时,验收人员必须严格依据施工图纸、施工规范和相关标准,对分项工程的各个环节进行深入细致的检查。验收人员需要对进场的材料进行严格把关,确保其质量、规格和性能符合设计要求。同时,还要对材料的使用情况进行监督,防止出现偷工减料或者以次充好的情况。验收人员需要密切关注施工过程中的每一个环节,从基础施工到装饰装修,都要进行严格的监督和检查。他们应评估施工工艺的合理性和可行性,确保每一步操作都符合规范,没有遗漏或者错误。验收人员还需对施工质量的整体情况进行评价。这包括对已完成的工程部分进行质量评估,检查是否存在质量问题或者隐患。只有通过全面、细致的检查,才能确保分项工程的施工质量符合设计要求,为后续的建筑使用奠定坚实基础。

（二）功能性测试

对于涉及使用功能的分项工程,功能性测试是验收过程中必不可少的一环。这类分项工程包括给排水、电气、暖通等,它们的使用功能直接关系到建筑的安全性和舒适性。在进行功能性测试时,验收人员应通过实际操作和检测来验证分项工程的使用功能是否正常。例如,在给排水工程中,可以通过打开水龙头、冲洗厕所等方式来测试水流是否顺畅、排水是否通畅;在电气工程中,可以通过开关灯具、插座等设备来测试电路是否正常工作;在暖通工程中,可以通过调节温度、开启空调或暖气等方式来测试系统的制热、制冷效果是否达到预期。通过这些实际操作和检测,验收人员可以直观地了解分项工程的使用功能是否满足设计要求。如果发现任何问题或者异常,都应及时记录并通知施工单位进行整改。

(三)安全性评估

在结构安全性方面,验收人员需要检查分项工程的承重结构是否牢固可靠,是否存在裂缝、变形等安全隐患。同时,他们还需要对连接部位、节点等进行仔细检查,确保其稳定性和安全性。在防火性能方面,验收人员应检查分项工程所使用的材料是否符合防火规范要求,防火设施是否齐全有效。此外,他们还需要对电气线路、设备等进行防火安全检查,以防止火灾事故的发生。在环保性能方面,验收人员应关注分项工程所使用的材料是否环保无污染,是否符合国家相关标准和规定。同时,他们还需要对施工现场的噪声、粉尘等污染情况进行监测和控制,确保建筑施工对环境的影响降到最低。

(四)验收记录与整改

分项工程验收过程中,验收人员应详细记录检查情况、测试结果及评估意见。这些记录对于后续的工程维护和管理具有重要意义,可以为建筑的安全使用提供有力保障。如果在验收过程中发现问题或者隐患,验收人员应及时通知施工单位进行整改,并在整改完成后进行复验,确保所有问题都得到彻底解决。同时,整改情况和复验结果也应详细记录并归档保存,以便后续查阅和参考。

三、隐蔽工程与分项工程验收的关联性与差异性

隐蔽工程与分项工程验收在建筑、工程质量管理中具有紧密的关联性。首先,它们都是确保建筑质量的重要环节,通过严格的验收程序和标准,共同

维护建筑的整体质量和安全。其次,在实际操作中,隐蔽工程与分项工程验收往往相互交织,例如在某些分项工程中可能包含隐蔽工程部分,需要同时进行验收。

然而,隐蔽工程与分项工程验收也存在一定的差异性。首先,关注点不同。隐蔽工程验收更注重施工过程中的质量控制和细节把握,而分项工程验收则更侧重于工程的功能性和安全性评估。其次,验收流程和方法也有所区别。隐蔽工程验收强调施工过程中的及时检查和整改,而分项工程验收则通常在工程完工后进行全面的检查和评估。

第四节 建筑工程竣工验收与备案管理

一、建筑工程竣工验收

(一)竣工验收的流程

建筑工程竣工验收是一个系统性、规范性的过程,通常包括施工单位自检、提交验收申请、组织验收小组、进行现场检查、形成验收意见等步骤。这一流程确保了建筑工程在质量、安全、功能性等方面达到设计要求和相关标准。

施工单位在完成工程施工后,需要进行全面的自检。自检过程中,施工单位应严格按照施工图纸、施工规范及设计要求进行检查,确保工程质量无虞。自检合格后,施工单位会向建设单位提交竣工验收申请。建设单位会组织设计、施工、监理等单位组成验收小组,对建筑工程进行全面检查。验收小组会依据相关规定和工程建设强制性标准,对建筑工程的实体质量、使用功能以及施工过程中的质量控制资料进行检查和评估。验收小组会形成竣工验收意见,对建筑工程的质量进行综合评价。如果建筑工程质量合格,验收小组会出具竣工验收报告,标志着建筑工程竣工验收的完成。

(二)竣工验收的标准

建筑工程竣工验收的标准主要包括以下几个方面:首先,建筑工程应符合设计图纸和合同约定的各项要求;其次,建筑工程的质量应符合相关要求和工程建设强制性标准;最后,建筑工程的使用功能应正常,满足设计要求。在竣工验收过程中,验收小组会对建筑工程的各个方面进行严格检查,包括结构安全性、使用功能性以及施工质量控制等方面。只有满足所有验收标准的建筑工程才能通过竣工验收。

二、建筑工程备案管理

(一)备案管理的必要性

建筑工程备案管理作为行政部门监管的核心环节,其必要性体现在质量监管与市场规范的双重维度。首先,从质量监管的角度来看,备案管理为行政部门提供了一个全面、系统的信息收集平台。通过这一平台,行政部门能够实时掌握建筑工程的基本情况、施工进度以及关键的质量状况信息。这些信息不仅是行政部门进行日常监管的重要依据,更是在应对突发事件、进行风险评估时不可或缺的数据支撑。进一步讲,建筑工程的质量直接关系公众的生命财产安全。因此,行政部门必须通过强有力的手段来确保每一个建筑工程都达到既定的质量标准。备案管理正是这样一种手段,它通过对建筑工程全过程的跟踪与记录,确保了质量的可追溯性,从而在源头上保障了建筑的安全。在建筑市场中,由于参与主体众多、利益关系复杂,很容易出现各种违规、违法行为。这些行为不仅损害了市场的公平竞争原则,更可能对整个社会的经济发展造成不良影响。通过实施备案管理,行政部门能够对每一个建筑工程的合法性、合规性进行严格的审查与监督,从而有效地遏制各种违法违规行为的发生,维护市场的健康与稳定。

(二)备案管理的流程

从提交备案申请开始,整个流程就进入了一个严格、规范的操作轨道。建设单位在竣工验收合格后,需要及时向相关部门提交包括竣工验收报告、施工图纸、施工合同等在内的详尽资料。这一步骤的严谨性在于,它确保了所有进入备案程序的建筑工程都具备了基本的质量与安全保障。相关部门会对所提交的资料进行逐一核查,确保其真实性、有效性以及合规性。只有经过这一严格筛选的建筑工程,才能颁发备案证书的,从而正式投入使用。然而,严谨性并不意味着流程的烦琐与低效。相反,通过合理的流程设计与优化,备案管理同样能够实现高效运作。例如,借助现代信息技术手段,可以实现资料的电子化提交与审核,大大缩短处理时间;同时,通过部门间的信息共享与协同工作,也能够进一步提高整个流程的运行效率。

(三)备案管理的注意事项

在建筑工程备案管理过程中,真实性、合规性与安全性是贯穿始终的三重保障。建设单位必须确保所提交的所有资料都是真实、准确的,没有任何虚假或误导性信息。这不仅是对行政部门监管部门的负责,更是对公众生命财产安全的负责。相关部门在审核备案资料时,会严格按照国家相关法律、法规和工程建设强制性标准来进行。只有符合这些规定的建筑工程,才能获得备案资格。这一要求确保了每一个通过备案的建筑工程都至少达到了法定的质量标准。无论是真实性的要求还是合规性的审核,其最终目的都是为了确保建筑工程的安全性。通过备案管理,行政部门能够及时发现并处理各种潜在的安全隐患,从而最大限度地保障公众的生命财产安全。

第五节 建筑工程检测与验收中的问题与对策

一、建筑工程检测与验收中的主要问题

(一)检测与验收标准不明确或存在冲突

在建筑工程领域中,检测与验收标准的明确性和一致性是确保工程质量评价客观性和公正性的基石。然而,在现实中,不得不面对一个严峻的问题:标准更新不及时以及不同标准间存在的冲突或理解上的不一致。这种标准的模糊性和冲突性,直接导致了验收人员在执行过程中缺乏一个清晰、统一的指导框架。具体来说,建筑工程的检测与验收标准应当随着社会科技的进步、新

材料和新技术的应用而不断更新。但遗憾的是,这种更新往往滞后于行业的发展,使得一些新兴的建筑技术和材料在验收时缺乏明确的标准依据。这不仅增加了验收工作的主观性和难度,也可能因为标准的缺失而导致工程质量无法得到有效的保障。此外,不同标准间的冲突也是一个不容忽视的问题。由于建筑工程涉及多个专业领域,如结构、电气、暖通等,每个领域都有自己的专业标准和规范。当这些标准和规范在某一具体问题上存在分歧时,就会给验收工作带来极大的困扰。验收人员往往需要在多个标准之间进行权衡和选择,这无疑增加了工作的复杂性和出错的可能性。

(二)施工资料管理不善

施工过程中的资料,包括但不限于施工图纸、施工记录以及材料检验报告,它们是建筑工程质量验收不可或缺的参考依据。然而,部分施工单位在对待这些重要资料的整理和管理上显得漫不经心,这种现象背后折射出的是对质量管理的轻视和对规范操作的不尊重。资料的缺失、不真实或不规范,首先给质量验收工作制造了障碍。验收人员在没有完整、准确的资料支持下,难以对工程质量做出全面、客观的评价。这不仅降低了验收工作的效率,更可能因信息的不对称而导致误判或漏判。更为严重的是,施工资料管理不善还可能掩盖潜在的质量问题。例如,施工记录中的缺陷或材料检验报告中的异常数据,如果被故意隐瞒或篡改,那么这些潜在的质量隐患就可能逃过验收人员的眼睛,进而对建筑工程的长期安全使用构成威胁。

(三)隐蔽工程质量难以控制

在建筑工程中,隐蔽工程如地基基础、钢筋布局及防水构造等,其施工质量直接关系整体建筑的安全性与耐久性。然而,由于这些工程部分在施工完成后被覆盖或隐藏,使得其质量检测和验收变得异常困难。隐蔽工程的施工质量问题往往难以通过常规的目视检查来发现。例如,地基处理不当可能导致的基础沉降不均、钢筋布局不合理可能引发的结构弱点、防水层施工缺陷可能导致的渗漏等问题,这些都可能在建筑使用过程中逐渐暴露,严重时甚至会导致安全事故。

(四)建筑材料质量

建筑材料作为建筑工程的物质基础,其质量优劣直接关系整个工程的质量和安全。然而,在实际施工中,建筑材料质量问题却屡见不鲜,这不得不引起高度重视。一些施工单位为了降低成本、提高利润,可能会采取使用劣质材料或假冒伪劣产品的手段。这些材料在强度、耐久性、环保性能等方面往往无法达到设计要求,给工程带来严重的质量隐患。例如,使用不合格的钢筋可能导致结构承载能力下降;使用劣质的水泥则可能影响混凝土的强度和耐久性。除了材料本身的质量问题外,材料的检验和保管环节也可能存在问题。一些施工单位对材料的检验不严格,甚至存在弄虚作假的情况。同时,材料的保管不当也可能导致其性能下降或损坏。例如,水泥受潮结块、钢筋锈蚀等都会影响材料的使用效果。

二、解决建筑工程检测与验收问题的对策

(一)完善并统一检测与验收标准

在建筑工程中,完善并统一检测与验收标准至关重要,这是确保工程质量和安全的基础。随着建筑技术的不断进步和新型材料的涌现,原有的验收标准可能已经无法全面覆盖现有的工程实践。因此,建设主管部门需承担起及时更新和完善建筑工程质量验收标准的责任。建设主管部门应密切关注行业动态和技术发展,及时捕捉新技术、新材料带来的挑战,将这些因素纳入新的验收标准中。同时,标准的制定应基于深入的调研和科学的分析,确保标准的实用性和前瞻性。通过组织研讨会、培训班等形式,向建筑行业从业人员普及新标准的内容和要求,帮助他们准确理解和掌握标准精髓。这样,在实际操作中,相关人员能够严格按照标准进行验收,从而提高验收工作的准确性和一致性。最后,为避免不同标准之间的冲突和矛盾,应建立一个统一的标准体系。这个体系应涵盖建筑工程的各个方面,确保各项标准之间的协调性和互补性。通过统一标准体系,可以消除因标准差异带来的困惑和误解,使验收工作更加高效和顺畅。

(二)加强施工资料管理

施工资料是建筑工程质量验收的重要依据,因此加强施工资料的管理至关重要。施工单位应高度重视施工资料的整理、归档和保存工作,确保资料的完整性、真实性和规范性。施工单位应制定明确的资料整理流程和责任人,确保每一份资料都能得到及时、准确的整理。同时,设定合理的时间节点,对资料的归档和保存进行定期检查,以防资料遗失或损坏。监理单位在施工资料的管理中也应发挥重要作用,他们应加强对施工资料的审查力度,确保其真实性、完整性和规范性。对于发现的问题,监理单位应及时向施工单位反馈,并督促其进行整改。通过建立电子档案管理系统,可以方便地查询、检索和利用施工资料,提高工作效率。同时,数字化管理还能有效防止资料丢失或损坏,确保施工资料的长期保存。

(三)加强隐蔽工程质量控制

隐蔽工程是建筑工程中的重要组成部分,其质量直接关系整个工程的质量和安全。因此,加强隐蔽工程的质量控制显得尤为重要。施工单位在隐蔽工程施工过程中应严格按照施工规范进行操作。这包括对施工人员的技术培训和交底工作,确保他们熟悉并掌握正确的施工方法和技术要求。同时,做好自检工作也是必不可少的环节,通过自检可以及时发现并纠正施工中存在的问题。监理单位在隐蔽工程质量控制中也扮演着重要角色。他们应加强旁站监理力度,对关键部位和关键工序进行全程监督。在隐蔽工程覆盖前,监理单位必须进行严格的验收工作,确保质量合格后方可允许施工单位进行下一步施工。这样可以有效避免隐蔽工程中的质量隐患对整个工程造成不良影响。

(四)严格把控建筑材料质量

施工单位在选择建筑材料供应商时应谨慎行事,优先选择信誉良好、产品质量可靠的供应商。同时,要求供应商提供质量合格证明文件和相关检测报告是必不可少的步骤。这些文件可以作为材料质量的重要依据,帮助施工单位判断材料是否符合设计要求和相关标准。材料进场后,施工单位应按照规定对其进行检验和复试工作。这一环节可以及时发现并剔除不合格的材料，防止其进入施工环节对工程质量造成不良影响。同时，对于复试不合格的材料，施工单位应立即停止使用并通知供应商进行处理。施工单位应建立完善的材料保管制度，确保材料在储存过程中不受损坏或变质。对于易受潮、易变质的材料，施工单位应采取相应的防护措施以确保其性能稳定。

第六章 建筑投资项目经济分析与评价

第一节 投资项目的资金时间价值及等值计算

一、资金时间价值的概念与意义

在建筑投资项目的深入探讨中,资金的时间价值显得尤为关键,它不仅是一个经济概念,更是体现了资金动态增值的本质属性。这种增值并非资金内在的自发增长,而是在参与社会生产与流通的过程中,与劳动力、技术等生产要素紧密结合,共同创造出新的价值。换句话说,资金的时间价值揭示了资金在特定时间框架内所能产生的额外经济效益。对于投资者而言,深刻理解和准确计算资金的时间价值至关重要。这不仅仅是因为它反映了投资者对于未来投资回报的合理预期,更是因为它是评估投资项目经济效益、制定科学投资决策的重要依据。投资者将资金投入建筑项目,其根本目的在于获取超出初始投资额的回报,而资金的时间价值正是衡量这一回报是否充分、合理的重要标尺。因此,在评估建筑投资项目时,投资者必须充分考虑资金的时间价值,以确保项目的投资回报不仅能够覆盖全部成本,还能够带来满足预期甚至超越预期的经济效益。

二、资金时间价值的衡量方法

衡量资金时间价值的方法中,利息计算和复利计算占据核心地位。利息,作为单位时间内资金增值的量化指标,根据计算方式的不同,可分为单利和复利。单利计算方式相对直观简洁,它主要聚焦于本金和特定的计息周期,未将前期利息纳入后续计息基础,因此更适用于那些周期短或一次性的投资活动。然而,复利计算则展现出更为复杂的动态特性,它不仅考虑本金产生的利息,还将前期产生的利息纳入后续计息过程,形成"利滚利"的累积效应。在建筑投资项目领域,由于项目通常具有投资规模大、周期长等特点,复利计算的重要性尤为突出。在这样的背景下,利息的累积效应变得非常显著,对项目的整体经济效益产生深远影响。因此,在进行建筑投资项目的经济评价时,采用复利计算方法显得尤为重要,它能够更真实地反映出资金随时间推移而产生的增值情况,从而为投资者提供更为准确、科学的决策依据。

三、资金等值计算的原理与应用

资金等值计算是一种基于资金时间价值原理的重要方法,其目的在于将分散在不同时间点的资金流量统一转化为某一特定时间点的价值量,从而方便进行经济的比较和决策分析。在建筑投资项目经济评价中,资金等值计算的作用不可或缺,它为项目的财务评估提供了量化依据。资金等值计算的基本原理涵盖了两个方面:首先是现金流量图的绘制,这一图表通过水平线来代表时间的推移,利用箭头来标示现金的流入与流出,箭头的长度则直观地反映了资金量的大小。这种图示方法能够清晰、直观地展示建筑投资项目从起始到终止的整个生命周期内的资金动态变化。其次是资金等值公式的运用,这些公式包括一次支付终值公式、一次支付现值公式以及等额支付终值公式等,它们构成了资金等值计算的数学基础。通过这些公式的精确应用,能够把不同时间节点的现金流量折算到同一时间点,进而对项目的投资回收期限、净现值以及内部收益率等关键经济指标进行有效的计算与深度分析。这些分析结果为投资者提供了科学的决策支持,有助于实现资金的最优配置和项目的长期稳健运营。

四、资金等值计算在建筑投资项目中的应用

在建筑投资项目的全周期管理中,资金等值计算作为一种强大的分析工具,被深入应用于项目经济评价的多个重要环节。在项目的初始投资决策阶段,资金等值计算通过精确测算项目的净现值(NPV)和内部收益率(IRR),为投资者提供了评估项目盈利潜力和投资回报能力的关键指标。这些量化指标不仅有助于投资者全面理解项目的经济效益,还能够作为决策支持,帮助投资

者在众多潜在项目中筛选出最具投资价值和战略意义的项目,并确定合理的投资优先级。随着项目的推进至实施阶段,资金等值计算继续发挥其重要作用。通过预测项目在不同时间节点的现金流量状况,资金等值计算为项目团队提供了制订科学资金筹集和运用计划的基础数据。这种前瞻性的分析方法,使得项目管理者能够合理安排资金来源,优化资金运用策略,从而确保项目的平稳运行,并有效降低因资金问题而引发的财务风险。在项目结束后的评价阶段,资金等值计算依然扮演着不可或缺的角色。通过对比项目实际产生的现金流量与项目初期预测的现金流量,资金等值计算揭示了项目在经济效益方面的实际表现与预期目标之间的差异。

第二节　投资方案的比选与决策

一、投资方案的比选原则

(一)经济效益原则

经济效益原则强调的是,通过对不同投资方案的深入分析和比较,选择出能够带来最大经济回报的方案。这一原则的实施,需要投资者对各种经济指标进行细致的计算和评估。预期收益反映了投资项目在未来一段时间内可能带来的收益水平。投资者需要对各方案的预期收益进行估算,并对比其大小,从而初步判断各方案的经济吸引力。投资回报率表示投资所带来的收益与投资额之间的比率,能够直观地反映投资效率。在比选投资方案时,投资者应计算各方案的投资回报率,并据此评估各方案的盈利能力。净现值(NPV)作为一种动态评价指标,考虑了资金的时间价值,能够更真实地反映投资项目的经济效益。通过计算各方案的净现值,投资者可以进一步判断其经济可行性。

(二)技术可行性原则

在比选过程中,技术可行性原则要求投资者对各方案的技术细节进行深入研究和评估。不同的技术路线可能带来截然不同的实施效果和经济效益。

投资者需要对比各方案所采用的技术路线,选择那些技术成熟、稳定性高且具有发展前景的路线。关键工艺的先进性和可靠性直接影响到项目的实施效率和最终成果。投资者应对各方案中的关键工艺进行仔细审查,确保其能够满足项目需求并具备可持续性。合适的设备不仅能够提高生产效率,还能降低运营成本和维护难度。因此,投资者需要根据项目需求和预算,对各方案的设备选型进行合理评估。

(三)社会影响原则

建筑工程投资不仅关乎经济效益,还对社会产生深远影响。社会影响原则强调投资者在比选投资方案时,应充分考虑其对社会的正面和负面影响。就业效应是评估社会影响的重要指标之一,建筑工程项目的实施往往能够带动相关产业的发展,从而创造更多的就业机会。投资者在选择投资方案时,应考虑其对当地就业市场的促进作用。居民生活质量也是社会影响评估的关键因素,建筑工程项目的实施可能会对周边居民的生活环境和生活质量产生影响。投资者需要评估各方案对居民生活的潜在影响,并选择那些能够提升或至少不降低居民生活质量的方案。城市景观和文化遗产的保护也应纳入社会影响原则的考量范围,投资者在选择投资方案时,应尊重和保护当地的文化特色和城市风貌,避免对历史文化遗产造成破坏。

(四)环境可持续性原则

随着全球环境问题的日益严峻,环境可持续性已成为投资方案比选的重要考量因素。环境可持续性原则要求投资者在评估投资方案时,应充分考虑其对环境的长期影响。投资者需要对各方案的环境影响进行评估,包括项目建设期和运营期对环境的潜在破坏。通过对比各方案的环境影响程度,选择那些对环境破坏较小、符合环保要求的方案。资源利用效率也是环境可持续性评估的重要指标,投资者应选择那些能够高效利用资源、减少浪费的投资方案,从而实现经济效益与环境效益的双赢。投资者还应关注方案中的环保措施和可持续发展策略,优先选择那些具有明确环保计划、注重可持续发展的投资方案,以推动建筑行业的绿色转型。

二、投资方案的比选方法

(一)定性分析法

定性分析法侧重于通过专家评审、德尔菲法等主观评价方式,对投资方案中的难以量化因素进行深入剖析。这些因素往往涉及方案的质的方面,如技术创新性、管理团队能力、市场前景等,它们对于方案的成功实施同样具有关键性影响。在实施定性分析时,投资者需要组建由行业专家、技术专家、市场分析师等组成的评审团队。这些专家将依据自身的专业知识和经验,对投资方案进行全面的评估。通过收集专家的意见和建议,投资者可以更加清晰地了解各方案的优势和劣势,从而为后续决策提供参考依据。德尔菲法作为一种有效的定性分析工具,通过匿名方式征求专家的意见,并经过多轮反馈和修正,使专家的意见趋于一致。这种方法能够充分利用专家的智慧和经验,帮助投资者对投资方案进行更加深入和全面的了解。

(二)定量分析法

定量分析法主要运用数学模型和统计数据,对投资方案的经济效益、风险水平等进行客观、精确的评价。通过定量分析,投资者可以更加直观地比较不同方案的优劣,为决策提供更加有力的数据支持。在定量分析中,财务分析是核心环节。投资者需要依据方案的预期收益、投资成本等财务数据,计算出投资回报率、净现值等关键经济指标。这些指标能够直观地反映方案的经济效益,帮助投资者判断方案的盈利能力和投资回收期。此外,风险分析也是定量分析的重要组成部分。投资者需要运用统计学方法,对投资方案可能面临的市场风险、技术风险、财务风险等进行量化评估。通过确定风险的大小和发生概率,投资者可以更加准确地把握方案的风险水平,从而制定相应的风险防范措施。

(三)综合分析法

综合分析法旨在通过综合运用定性和定量两种分析方法,对投资方案进行全面、深入的评价。这种方法既考虑了方案的质的方面,又兼顾了量的方面,能够更加全面地反映方案的优劣。在实施综合分析法时,投资者首先需要运用定性分析确定评价指标和权重。这些指标应涵盖方案的经济效益、技术可行性、社会影响等多个方面。接着,投资者需要运用定量分析对各方案进行综合评价。通过计算各方案的综合得分或排名,投资者可以更加直观地了解各方案的总体表现,从而为最终决策提供有力支持。

三、投资方案的决策过程

(一)明确决策目标

投资者在进行建筑工程投资前,必须清晰地界定其期望通过此次投资实现的具体目标。这些目标可能涉及经济效益的最大化、社会效益的提升,或是环境可持续性的实现。明确的目标不仅为后续的决策活动提供了方向指引,还有助于确保最终选定的投资方案能够紧密围绕核心诉求展开。在明确决策目标的过程中,投资者需要综合考虑自身的战略发展规划、市场定位以及风险承受能力等因素,从而制定出既符合实际又具有前瞻性的投资目标。

(二)收集与整理信息

为了确保投资决策的准确性和有效性,投资者必须广泛搜集与投资方案相关的各类信息。这些信息包括但不限于市场需求分析、技术发展趋势预测、制度法规解读以及竞争对手的动态等。通过对这些信息的深入分析和整理,投资者能够更全面地了解投资环境,为后续的方案评估和比较提供坚实的数据支撑。市场环境的变化、制度法规的调整以及技术创新的涌现,都可能对投资方案的可行性产生重大影响。因此,投资者需要建立一套高效的信息收集与反馈机制,以确保决策依据的时效性和准确性。

(三)方案评估与比较

在充分收集和整理信息的基础上,投资者需要对各投资方案进行全面、客观的评估。评估的内容应涵盖方案的经济效益、技术可行性、社会影响以及环境可持续性等多个维度。通过构建科学的评估指标体系,并运用定性与定量相结合的分析方法,投资者可以对各方案进行综合打分或排序,从而筛选出几个具有潜力的候选方案。在方案比较阶段,投资者需要重点关注各方案之间的差异性和互补性。通过深入分析不同方案的优劣势以及潜在风险点,投资者可以更加明确地把握各方案的特点和适用范围,为后续的风险分析和最终决策提供依据。

(四)风险分析与防范

针对筛选出的候选方案,投资者需要进一步识别和分析可能存在的风险因素及其潜在影响。这些风险因素可能来源于市场波动、技术障碍、制度法规变化等多个方面。通过构建风险矩阵和制定应对策略,投资者可以有效地降低投资风险并提高方案的实施成功率。通过实时监测关键风险指标的变化情况并及时采取应对措施,投资者可以确保投资方案在面临不利情况时仍能保持稳健运行。

(五)最终决策与实施方案

在综合评估和风险分析的基础上,投资者可以做出最终的投资决策。决策过程中需要充分考虑各方案的综合表现以及自身的风险承受能力和战略目标。决策一旦确定,投资者需要立即着手制订详细的实施方案和计划。这包括明确各项任务的具体内容、责任人、时间节点以及预期成果等要素,以确保投资方案能够按照既定目标有序、高效地推进实施。

第三节 不确定性与风险分析在投资决策中的应用

一、建筑工程不确定性与风险分析的方法

(一)不确定性分析方法

通过计算项目的盈亏平衡点,分析项目的盈利与亏损情况。当项目收入

等于成本时,即为盈亏平衡点。盈亏平衡分析有助于了解项目在不同产量或销量下的盈亏状况,为决策提供依据。通过改变模型中的某些关键参数,观察结果的变化情况,评估不确定性对结果的影响程度。敏感性分析可以确定哪些参数对结果具有较大的影响,从而有针对性地进行风险管理。通过概率分布来描述不确定因素的变化情况,进而评估项目风险。概率分析可以提供项目风险的概率分布和可能结果,为决策提供更加全面的信息。

（二）风险分析方法

1. 风险识别

将工程项目中可能遇到的风险一个一个列举出来。风险识别的方法有专家调查法、财务报表法、流程图法、初始清单法、经验数据法、风险调查法等。风险识别的结果是建立建设工程风险清单。

2. 风险估计和评价

估计风险发生的概率和后果,对风险进行量化分析。常用的方法有概率-影响矩阵、CIM 模型、AHP 方法等。风险估计和评价的目的是制定出风险对策,以便更好地防范与控制风险事件的发生。

3. 风险决策

基于风险分析的结果,制定相应的风险应对策略。风险应对策略包括风险回避、损失控制、风险自留、风险转移等。风险决策需要考虑项目的具体情况、风险的大小以及可承受的风险水平。

二、建筑工程不确定性与风险分析在投资决策中的应用

（一）市场风险分析

1. 市场需求分析

通过问卷调查、深度访谈、大数据分析等手段,深入了解目标客户群体的需求偏好、消费习惯及未来趋势。关注行业动态,如新技术应用、消费者偏好转变等,评估这些因素对项目产品或服务需求的影响。基于市场需求的变化,

调整项目定位,如产品功能设计、价格策略、营销渠道等,确保项目紧密贴合市场需求,提高市场竞争力。同时,建立市场监测机制,定期回顾市场需求变化,灵活调整市场策略,保持项目的市场适应性。

2. 竞争对手分析

通过市场调研,收集竞争对手的基本信息,包括市场份额、品牌影响力、产品特性、价格策略等,评估其综合实力。深入分析竞争对手的优势与劣势,预测其可能的市场动作,如新产品推出、价格调整、营销策略变化等。基于此,制定差异化的竞争策略,如强化产品特色、优化服务体验、创新营销模式等,以在激烈的市场竞争中脱颖而出。同时,保持对竞争对手动态的持续关注,及时调整竞争策略,保持竞争优势。

3. 行业制度分析

密切关注国家及地方相关制度的发展趋势,如产业规划、税收优惠、环保要求等,评估制度变化对项目实施的潜在影响。根据制度变化,调整项目规划,如环保措施、技术创新方向等,确保项目在合规的前提下,实现可持续发展。

(二)技术风险分析与难题预测

全面评估项目的技术可行性,包括施工工艺、设备选型、材料选用等方面。与专业技术人员合作或委托专业机构进行评估,确保技术的可靠性和先进性。分析项目可能遇到的技术难题和风险点,制定相应的技术解决方案和应对措施。建立技术储备和应急机制,以应对可能出现的技术问题。

(三)财务风险分析

1. 资金需求分析

资金需求分析综合考虑项目规模、建设周期、材料价格波动等因素,准确预测从设计、施工到运营各阶段的资金需求总量。通过编制详细的资金预算表,细化每一项开支,确保无遗漏。同时,制订合理的资金筹措计划,多元化资金来源,包括自有资金、银行贷款、行政部门补助、社会资本合作(PPP)等模式,以分散资金风险,提高资金结构的稳定性。评估各资金来源的可靠性时,需要考虑宏观经济环境、金融制度变化对融资条件的影响,确保资金链的安全与连续。

2. 财务成本分析

财务成本控制不仅要准确估算融资成本,如贷款利息、债券发行费用等,还需细致分析运营成本,包括人工、材料、设备租赁、维护等各项开支。通过建立财务成本数据库,跟踪成本变动趋势,及时发现成本超支风险,并采取相应的成本控制措施,如优化施工方案、谈判降低采购成本、提高设备使用效率等。同时,应建立成本预警机制,当成本波动超出预设范围时,及时调整预算和融资计划,确保项目财务稳健。

3. 投资回报分析

基于市场调研、历史数据分析和未来趋势预测,构建财务模型,模拟不同情境下的收入、成本及现金流情况,计算项目的净现值(NPV)、内部收益率(IRR)等指标,评估项目的盈利能力。通过灵敏度分析,识别影响投资回报的关键因素,如售价变动、成本上升、市场需求变化等,制定相应的风险管理策略,如建立价格调整机制、成本储备金、多元化市场风险分散策略等。确保在不确定的市场环境中,项目仍能保持稳定的投资回报,实现投资者的预期目标。

(四)环境风险分析

1. 资源消耗分析

对项目所需能源进行全面评估,包括电力、燃油、天然气等,考虑施工过程中的机械能耗、生活区用电及临时设施能源消耗。通过引入能效高的施工设备和采用节能技术,如LED照明、太阳能发电系统,可以有效降低能源消耗。同时,建立能源监测体系,实时追踪能耗数据,为调整能源使用策略提供科学依据。水资源管理方面,需要评估项目施工、生活用水及未来运营阶段的水资源需求。采用节水器具、雨水收集系统和废水循环利用技术,可以减少对新鲜水资源的依赖。此外,通过合理规划施工时序,避免雨季大量排水导致的资源浪费,以及实施严格的水资源管理制度,确保每一滴水都得到有效利用。原材料消耗分析则要求对项目所需各类建材进行详细统计,包括钢筋、混凝土、木材等。通过优化设计方案,减少材料浪费,如采用预制构件减少现场切割,以及选用环保、可再生材料,既能降低成本,又能减轻环境压力。同时,建立材料采购与库存管理系统,实现精准采购,减少库存积压,提高材料使用效率。

2. 土地利用变化分析

土地利用变化分析旨在评估项目对土地资源的直接影响,确保土地资源的合理利用与保护。项目初期,应进行详尽的土地调查,明确土地类型、权属状况及生态价值,避免非法占用或破坏生态敏感区域。在规划阶段,通过多方案比选,优化布局,尽量减少土地占用面积,特别是耕地和林地的保护。对于必须占用的土地,应制订详细的复垦计划,确保施工结束后土地能够恢复原有功能或转化为更有价值的用途。

3. 环境污染分析

环境污染分析是保障项目环保合规性的基础。针对废水排放,应设计合理的排水系统,实行雨污分流,确保施工废水经过处理后达标排放。对于废气污染,采用低排放的施工机械,加强施工现场的通风换气,减少扬尘和有害气体排放。固体废弃物管理方面,推行垃圾分类,回收利用有价值的废弃物,如建筑垃圾可用于道路铺设或再生建材生产,减少垃圾填埋量。

第四节 价值工程在建筑工程项目中的应用

一、市场需求分析中的价值工程应用

价值工程强调产品或系统功能必须满足用户要求。在建筑项目设计阶段,通过功能需求分析,明确项目的核心功能和辅助功能,剔除不必要的辅助功能,使项目在满足用户基本需求的同时,降低造价。例如,某啤酒厂在扩建工程中,通过价值分析,将储煤棚、输煤皮带廊改为筒仓及大角度刮板提升,既满足了生产需求,又大幅降低了工程造价。市场需求是动态变化的,建筑项目需具备良好的市场适应性。价值工程通过市场适应性分析,评估项目在功能、成本、质量等方面的市场竞争力,为项目决策提供科学依据。例如,在地下建筑设计中,通过价值分析,结合地下空间规划,开发地下层,提高土地利用率,使项目更加符合市场发展趋势。基于市场需求分析,制定项目的市场定位策略。价值工程在这一过程中,通过功能成本比分析,帮助项目找到最优的市场定位,既满足用户需求,又确保项目的经济效益。

二、竞争对手分析中的价值工程应用

通过对竞争对手产品的功能分析,了解其在市场中的竞争优势和劣势。在此基础上,通过价值工程的功能改进和成本降低,提升项目产品的市场竞争力。例如,在电视塔的设计中,通过增加旅游观光厅和歌舞厅等功能,提升塔的综合服务效益,从而在竞争中脱颖而出。

成本是市场竞争的关键因素之一。通过价值工程的成本分析,评估竞争对手的成本结构和成本控制策略,为项目制定有效的成本控制措施。例如,在建筑材料的选择上,通过价值分析,选择性价比更高的材料,降低项目成本。基于竞争对手分析,制定项目的竞争策略。价值工程在这一过程中,通过功能成本比优化,帮助项目找到差异化的竞争点,如技术创新、服务优化等,从而在竞争中占据有利地位。

三、行业制度分析中的价值工程应用

通过关注国家制度的发展趋势,预测未来制度走向,为项目决策提供参考。例如,在环保制度日益严格的背景下,通过价值分析,优化项目的环保措施,降低环保成本,提高项目的合规性。评估行业制度对项目的影响,包括正面影响和负面影响。通过价值工程的功能成本比分析,找到制度影响下的最佳应对策略。例如,在税收优惠制度的背景下,通过价值分析,优化项目的财务结构,降低融资成本。与行政部门及相关部门建立沟通渠道,了解制度的具体内容和执行细节,争取制度支持。例如,在绿色建筑制度的推动下,通过价值分析,提升项目的绿色建筑等级,争取行政部门的绿色建筑补贴和税收优惠。

四、资金需求分析中的价值工程应用

通过价值分析,优化项目的资金预算,确保资金的合理使用。例如,在施工阶段,通过价值分析,选择性价比更高的施工设备和材料,降低施工成本。基于资金需求分析,制定项目的融资策略。价值工程在这一过程中,通过功能成本比分析,帮助项目找到最优的融资方案,如银行贷款、股权融资等,降低融资成本。评估项目的资金风险,制定相应的风险管理措施。价值工程通过功能成本比分析,帮助项目识别资金风险点,如资金短缺、成本超支等,从而制定有效的风险应对策略。

五、财务成本分析中的价值工程应用

通过价值分析,评估不同融资渠道的融资成本,选择最优的融资方案。例如,在债券融资和银行贷款之间,通过价值分析,选择融资成本更低的方案。分析项目的运营成本,包括人力成本、材料成本、设备成本等。通过价值工程的功能成本比分析,找到运营成本降低的途径,如优化施工方案、提高设备利用率等。基于财务成本分析,制定项目的成本控制策略。价值工程在这一过程中,通过功能成本比优化,帮助项目找到成本控制的关键点,如采购成本控制、施工效率提升等,从而降低项目的总成本。

六、投资回报分析中的价值工程应用

通过价值分析,建立项目的财务模型,包括收入预测、成本预测、现金流预测等。通过财务模型,评估项目的投资回报率和净现值等指标,为项目决策提供科学依据。通过灵敏度分析,评估项目在不同情境下的投资回报情况,如市场需求变化、成本波动等。通过价值工程的功能成本比分析,找到影响投资回报的关键因素,从而制定有效的风险应对策略。基于投资回报分析,制定项目的投资策略。价值工程在这一过程中,通过功能成本比优化,帮助项目找到最优的投资方案,如投资规模、投资时机等,从而提高项目的投资回报。

第七章　建筑工程项目管理与质量控制

第一节　建筑工程项目管理的组织与流程

一、建筑工程项目管理组织

(一)项目管理组织的定义与分类

项目管理组织是指在建筑工程项目组织内,由完成各种项目管理工作的人、单位、部门按照一定的规则或规律组织起来的临时性组织机构。根据项目管理主体的不同,项目管理组织可以分为业主的项目管理组织和专业承包商的项目管理组织两大类。业主的项目管理组织通常由业主选定,为业主提供有效、独立的管理服务,负责项目实施中的具体事务性管理工作。专业承包商的项目管理组织则负责项目的具体实施,包括专业设计单位、施工单位和供应商等。

(二)项目管理组织的特点

项目的系统结构决定着项目的组织结构,通过项目结构分解到的工作都要在组织结构内无一遗漏地落实到责任者。项目的一次性和暂时性决定了项目管理组织的一次性和暂时性的特点。项目管理组织的寿命是由项目承包合同内容确定的。项目管理组织依附于企业组织,项目组织的人员和部门常由企业组织提供,因此企业组织对项目组织有领导和支配作用,许多组织成员随着工程施工进度、各分部分项工程的承接或完成而进入或退出项目管理组织,或承担不同的角色。

(三)项目管理组织设置的原则

从"一切为了确保建筑工程项目目标实现"这一根本目的出发,因目标而设事,因事而设人、设机构、分层次,因事而定岗定责,因责而授权。适当的管理跨度,加上适当的层次划分和适当的授权,是建立高效率组织的基本条件。项目自身具有系统性,组织设立时必须体现系统化,即组织要素之间既要分工合作,又必须统一命令,在保证履行必要职能的前提下,尽量简化机构,提高效率,降低人工费用。

表 7-1 建筑工程项目管理的组织

序号	组织部门/岗位	主要职责
1	总经办	形象策划、行政管理、人事管理、安全保卫
2	工程部	施工管理、安全管理、质量检查、竣工验收、进度管理
3	项目部	组织审图、拟订方案、临设规划、项目管理
4	市场部	工程投标、合同洽谈、计划统计、合同交底、应收账款
5	财务部	开设银行账户、款项筹集、资金拨付、财务核算
6	物资部	编制采购计划、市场询价、物资采购、材料管理
7	合约部	成本测算、材料分析、跟踪审计、工程决算、分包招标

二、建筑工程项目管理流程

(一)项目启动阶段

项目启动阶段包括确定项目目标、范围、可行性研究、项目立项等。业主单位进行设计和建设准备,发出招标广告或邀请函。施工单位从经营战略层面决策是否投标,确定投标后,从企业自身实力、项目相关单位、市场以及施工现场等方面获取大量信息,来编制中标可能性高、企业也有盈利空间的投标书。此阶段最终目标是签订工程承包合同。

（二）项目规划阶段

项目规划阶段也被称为施工准备阶段。施工单位与业主单位签订工程承包合同后,组建项目经理部,进行施工准备,包括制定施工方案、施工进度计划和施工平面图等。此阶段还包括编制项目管理计划,包括进度计划、成本计划、质量计划、人力资源计划等。

（三）项目执行阶段

项目执行阶段也被称为施工阶段。这是自开工至竣工的实施过程,包括按照制定的施工方案和进度进行施工,进行质量、安全、进度、成本控制。施工单位要严格履行工程承包合同,处理好内外关系,如有合同变更或索赔问题出现,及时妥善处理。此阶段还包括文明施工管理、安全管理、图纸会审、施工组织设计(方案)编制与管理、作业指导书的编制与管理、技术交底的编制与管理、隐蔽工程验收管理、工程资料管理等工作。

（四）项目收尾阶段

项目收尾阶段也被称为验收、交工与结算阶段。进行工程的收尾工作,试运转确认无误后正式验收,移交竣工文件,进行财务结算。对项目实施全过程进行总结,编制竣工总结报告。此阶段还包括工程结算管理、工程统计管理、预算编制等工作。

（五）项目总结与反馈阶段

项目总结与反馈阶段也被称为用户服务阶段。这是工程项目管理的最后阶段,施工单位回访,对观察使用中的问题进行处理,保证工程正常使用;听取使用单位意见,总结经验教训。

表7-2 建筑工程项目管理具体流程

阶段	主要工作内容	相关部门/岗位
项目启动	确定项目目标、范围,进行可行性研究、项目立项	总经办、市场部
项目规划	编制项目管理计划,包括进度、成本、质量、人力资源等计划	项目部、工程部、财务部、物资部
设计阶段	完成初步设计和施工图设计,确保设计满足要求	项目部、设计单位
招投标阶段	编制招标文件,组织招投标活动,选择施工队伍和材料供应商	市场部、合约部
施工准备	办理施工许可,组织施工队伍进场,进行施工前准备	工程部、项目部
施工阶段	按图纸和规范施工,控制进度、质量和成本,确保安全	工程部、项目部、安全管理部门
监督管理	对施工过程进行监督,处理施工过程中出现的问题	工程部、项目部、质量管理部门
竣工验收	完成工程实体建设后,进行验收,确保达到设计要求	工程部、项目部、设计单位、质量管理部门
项目收尾	办理竣工手续,进行结算,总结项目经验,归档资料	项目部、财务部、合约部

第二节 建筑工程项目进度管理与质量控制

一、建筑工程项目进度管理

(一)进度管理的定义与重要性

建筑工程项目进度管理是指对工程项目各阶段的工作内容、工作程序、持续时间和衔接关系进行科学的规划和控制,以确保项目按时完成的过程。进度管理是项目管理的重要组成部分,它直接影响到项目的成本、质量和资源利用效率。

(二)进度管理的原则与方法

由于建筑工程项目在实施过程中会受到多种因素的影响,因此进度管理必须是一个动态的过程。应定期检查和比较实际进度与计划进度的差异,及时采取措施进行调整。进度管理应综合考虑项目的整体目标和各阶段的相互关系,通过优化资源配置、调整工作程序等手段,实现项目进度与成本、质量之间的平衡。运用网络计划技术编制项目进度计划,可以清晰地展示项目各项工作的逻辑关系和时间安排,便于进行进度控制和调整。

(三)进度管理的内容与步骤

根据项目的实际情况和资源条件,编制详细的项目进度计划,包括各阶段的工作内容、开始和结束时间、关键路径等。将进度计划落实到实际工作中,明确各阶段的责任人和完成时间,确保各项工作按计划进行。定期对实际进度进行检查,与计划进度进行比较,发现偏差及时采取措施进行调整,如增加资源投入、调整工作程序等。

二、质量控制的内容与步骤

(一)质量目标设定

在建筑工程项目管理中,质量目标的设定是项目质量控制体系的起点,也是确保项目最终成果满足特定要求和标准的基石。这一过程需深入剖析项目的实际情况与具体需求,综合考虑项目规模、技术难度、资源条件、市场环境及相关规定等多方面因素。质量目标应具体、可量化、可追踪,并且与项目的总体目标保持一致。它不仅包括最终产品的性能指标、安全标准、耐用性要求等,还应涵盖施工过程中各个阶段的质量控制指标,如材料质量、施工工艺标准、检测频率等。设定明确、合理的质量目标,可以为项目团队提供一个清晰的质量导向。

(二)质量计划编制

基于已设定的质量目标,质量计划的编制成为将目标转化为具体行动方案的关键步骤。质量计划是项目管理中的一份核心文件,它详细规划了如何达到既定的质量目标,包括质量控制点的设置、检验和试验的安排、质量责任分配、质量记录与报告机制等。质量控制点(QC 点)的选择至关重要,它们通常位于项目关键路径或高风险区域,在这些点上进行严格的质量检查和验证,可以有效预防质量问题发生。同时,质量计划还需明确检验和试验的方法、频率、标准以及不合格品的处理流程,确保所有质量活动都有据可依、有序进行。通过精心编制质量计划,项目团队能够系统地规划和管理质量控制活动,提高管理效率,降低质量成本。

(三)质量控制实施

质量控制实施阶段是将质量计划转化为实际行动的过程,它要求项目团队严格按照质量计划的要求,对项目实施过程中的每一项质量活动进行监控和调整。这一阶段的核心在于"执行"与"调整"两个方面。执行意味着项目团队需遵循既定的质量控制流程,确保每一道工序、每一种材料、每一个构件都符合质量标准。调整则是在执行过程中根据实际情况对质量控制措施进行适时优化,如调整检验频率、增加特别检查项目等,以应对可能出现的异常情况或质量风险。质量控制实施还强调持续改进,通过收集质量数据,分析质量问题根源,采取纠正措施,不断提升项目的质量水平。这一阶段的工作要求项目团队具备高度的责任心、敏锐的洞察力以及快速响应的能力,确保项目始终沿着既定的质量轨道前进。

(四)质量检查与验收

质量检查与验收是项目质量控制流程的终端环节,也是验证项目成果是否达到预期质量标准的最后一道防线。这一环节应定期进行,涵盖项目实施的各个阶段和最终成果,包括但不限于原材料检验、半成品测试、成品验收等。质量检查应遵循事先制定的检查标准和程序,采用多种检查方法,如目视检查、仪器测量、功能测试等,确保检查的全面性和准确性。对于发现的质量问题,应立即记录并启动整改程序,直至问题得到解决。验收阶段则是对项目整体质量的最终确认,通常由业主方或第三方专业机构进行,依据合同约定的质量标准进行综合评价。严格的质量检查与验收,可以确保项目成果不仅满足设计要求,而且达到或超越客户的期望,实现项目的完美交付。

第三节　建筑工程项目风险管理与应对策略

一、风险识别:构建全面的风险清单

(一)内外部环境分析

在项目管理中,内外部环境分析是项目启动前不可或缺的一环,它为整个项目的规划与实施提供了坚实的依据。内部环境分析主要聚焦于项目团队自身,包括团队成员的专业技能、经验水平、团队协作能力,以及项目所拥有的资源状况,如资金、设备、技术专利等。技术实力是项目成功的关键,它决定了项目能否高效、准确地完成既定目标。通过内部环境分析,项目管理者可以清晰地认识到自身的优势与不足,从而合理调配资源,提升团队效能。外部环境分析则更加复杂多变,它涉及制度法规的约束与引导、市场环境的变化、自然条件的限制以及社会经济状况的影响。制度法规的变化可能直接影响项目的合法性及成本效益;市场环境的瞬息万变要求项目必须灵活调整策略以适应需求;自然条件如地理位置、气候条件等则可能对项目进度和成本产生直接影响;而社会经济状况则反映了宏观经济环境对项目投资的回报预期。

(二)项目生命周期分析

项目生命周期分析是将项目从启动到收尾的全过程划分为若干阶段,并针对每个阶段的特点进行细致的风险识别与管理。这一方法有助于项目管理者在不同阶段聚焦不同的风险点,采取针对性的预防措施。例如,在规划阶段,市场需求的不确定性和制度导向的变化是主要风险,项目团队需通过市场

调研和制度解读来降低这些风险;设计阶段则需关注设计方案的可行性、创新性以及成本控制,避免因设计缺陷导致的后期修改成本增加;施工阶段则面临材料价格波动、施工安全事故等风险,需加强供应链管理、安全教育和现场监管;验收阶段则需确保项目符合合同要求和质量标准,避免验收不通过导致的延期和额外费用。

(三)利益相关者分析

利益相关者分析是项目管理中不可或缺的一部分,它要求项目管理者全面识别并分析所有与项目相关的个体或群体,包括业主、设计单位、施工单位、供应商、行政部门以及社会公众等。每个利益相关者的利益诉求不同,对项目的影响也不同。通过深入分析他们的利益关注点、影响力及合作潜力,项目管理者可以制定出更加公平、合理的利益分配机制,减少利益冲突,增强项目合作的稳定性和可持续性。

二、风险评估:量化风险的影响与概率

(一)定性评估

定性评估在风险管理中扮演着至关重要的角色,它依赖于专家判断、小组讨论等主观性较强的方法,对风险的影响程度和发生概率进行初步评估。这种方法虽不具备数值计算的精确性,但能够快速地识别出项目中的关键风险点,为后续的风险管理提供方向。通过采用"高、中、低"或"严重、一般、轻微"等描述性词汇,项目团队能够直观地理解风险的重要性,便于在资源有限的情况下,优先处理高风险事项。此外,定性评估还能够促进团队成员之间的沟通与交流,确保大家对风险有共同的认识和理解,为后续的风险应对措施制定奠定坚实的基础。

(二)定量评估

相较于定性评估,定量评估则更加注重风险的量化分析,它利用概率论、统计学等科学工具,对风险的影响和概率进行具体的数值计算。这种方法能

够精确地反映出风险对项目成本、进度、质量等方面可能产生的具体影响,为项目管理者提供更为客观、准确的风险评估结果。例如,通过蒙特卡洛模拟,项目团队可以模拟出多种可能的风险情景,评估不同情景下项目的预期结果;而敏感性分析则能够帮助项目管理者识别出对项目结果影响最大的风险因素,从而采取针对性的风险管理措施。定量评估的引入,不仅提高了风险管理的科学性和准确性,还为项目决策提供了有力的数据支持。

三、风险应对策略:制定与实施风险缓解措施

(一)风险规避

在项目管理中,面对影响大且概率高的风险,风险规避是最为直接且有效的应对策略。通过深入的风险识别与分析,项目团队应优先考虑调整项目计划、优化设计方案或选择更为可靠的供应商,从根本上消除或降低风险发生的可能性。例如,在选址阶段,若发现某地段地质条件复杂,存在地基不稳的潜在风险,项目团队应果断选择避开该地段,或采用先进的地基处理技术进行加固,以确保建筑安全。

(二)风险减轻

对于那些无法完全规避的风险,项目团队需采取灵活多样的措施来减轻其影响。以材料价格上涨为例,这一风险在建筑工程中尤为常见。为降低价格上涨对项目成本的影响,项目团队可提前与供应商签订长期合同,锁定材料价格;或建立材料储备库,确保在价格上涨时有足够的库存支撑施工需求。同时,通过优化采购计划、提高材料利用率等措施,也能有效减轻材料价格上涨带来的成本压力。

(三)风险转移

风险转移是项目管理中常用的一种策略,它通过将风险转移给第三方承担,来降低项目自身的风险敞口。在建筑施工领域,购买建筑工程一切险、意外伤害险等保险是风险转移的常见方式。这些保险能够覆盖施工过程中可能

发生的人身伤害、财产损失等风险,一旦风险发生,保险公司将承担相应的赔偿责任。此外,通过与合作伙伴签订风险分担协议,也能在一定程度上实现风险的转移和共担。

(四)风险接受

对于影响小且概率低的风险,或者采取其他应对策略成本过高的风险,项目团队可以选择接受风险。然而,接受风险并不意味着放任不管,而是需要在充分评估风险影响的基础上,制订相应的应急计划。应急计划应明确风险发生时的应对措施、责任人和时间节点,确保在风险发生时能够迅速、有效地进行响应。同时,项目团队还应保持对风险的持续监控和评估,一旦发现风险有升级或扩散的趋势,应立即启动应急计划,将风险控制在可控范围内。

四、风险监控:确保风险管理的持续有效

(一)建立风险监控体系

在项目管理中,建立完善的风险监控体系是确保项目稳健前行的关键。这一体系应涵盖风险预警机制、风险报告制度以及风险应对效果评估等多个环节,形成闭环管理。风险预警机制通过设定关键指标和阈值,实时监测项目进展中的潜在风险,一旦触发预警,立即启动应急响应。风险报告制度则要求项目团队定期提交风险报告,详细记录风险识别、评估、应对的全过程,确保所有风险都得到有效的监控和管理。同时,通过定期的风险评估会议,项目团队可以集思广益,共同探讨风险应对策略,提升风险管理的科学性和有效性。

(二)持续的风险识别与评估

风险是动态变化的,项目团队必须保持高度的警觉性,持续进行风险识别与评估。特别是在项目进展中的关键节点,如设计变更、施工高峰期等,以及外部环境发生重大变化时,如制度调整、市场波动等,项目团队应立即进行风险再评估,重新梳理风险清单,调整风险应对策略。

(三)风险应对效果的评估与反馈

对于已实施的风险应对策略,项目团队应进行效果评估,分析策略的有效性,总结经验教训。这一环节不仅有助于项目团队了解风险管理的实际效果,还能为未来的风险管理提供有益的参考。对于效果不佳的策略,项目团队应及时调整或替换,确保风险管理的针对性和有效性。

(四)建立风险文化

风险文化是风险管理的基础,它影响着项目团队对风险的态度和行为。项目团队应建立一种积极的风险文化,鼓励团队成员主动识别风险、报告风险,并积极参与风险管理的全过程。通过组织培训、开展宣传等方式,项目团队可以提高团队成员的风险意识和风险管理能力,使风险管理成为团队成员的自觉行动。同时,项目团队还应建立有效的沟通机制,确保风险信息在团队内部畅通无阻,形成良好的风险管理氛围。

第四节 建筑工程项目变更与索赔管理

一、建筑工程项目变更管理

(一)项目变更的定义与分类

建筑工程项目变更是指在项目实施过程中,由于设计、施工、材料、环境等多种因素的变化,导致项目原定的范围、进度、成本等发生调整。根据变更的性质和来源,项目变更可分为设计变更、施工变更、材料变更、环境变更等。设计变更主要源于设计错误、设计优化或业主需求变化;施工变更则可能由于施工技术、施工条件或施工顺序的调整而引起;材料变更则与材料供应、材料性能或材料价格的变化有关;环境变更则涉及制度法规、自然环境或社会环境的变化。

(二)项目变更的影响分析

项目变更对项目的影响是多方面的,包括成本、进度、质量以及合同关系等。首先,变更往往导致成本增加,如设计变更可能引发额外的施工费用、材料费用等;其次,变更可能影响项目进度,如施工变更可能导致施工顺序的调整或施工周期的延长;再次,变更还可能对项目质量产生影响,如材料变更可能影响工程的耐久性和安全性;最后,变更还可能引发合同双方的争议,如变更责任的划分、变更费用的承担等。

(三)项目变更的管理流程

有效的项目变更管理需要遵循一定的流程。首先,应建立变更识别机制,及时发现并记录项目中的变更需求;其次,对变更进行初步评估,分析变更的可行性、必要性和影响程度;再次,根据评估结果制定变更方案,包括变更内容、变更费用、变更进度等;然后,将变更方案提交给相关方进行审批,确保变更符合项目目标和合同要求;最后,实施变更并对变更效果进行监控和评估。

(四)项目变更的控制策略

为了有效控制项目变更,应采取一系列策略。首先,加强设计变更管理,严格控制设计错误和随意变更;其次,优化施工流程和技术,减少施工变更的发生;再次,建立材料供应和价格预警机制,及时应对材料变更;然后,加强与环境部门的沟通协作,降低环境变更对项目的影响;最后,建立完善的变更审批和监控机制,确保变更管理的规范性和有效性。

二、建筑工程项目索赔管理

(一)索赔

建筑工程项目索赔是指合同一方因另一方未履行合同义务或履行合同义务不符合约定而向对方提出的经济补偿或工期延长等要求。根据索赔的性质和原因,索赔可分为工期索赔、费用索赔和综合索赔。工期索赔主要因对方原因导致项目延期而提出;费用索赔则因对方原因导致项目成本增加而提出;综合索赔则同时涉及工期和费用的索赔。

(二)索赔的依据与程序

索赔的依据主要包括合同条款、相关规定、行业标准以及项目实际情况等。在索赔过程中,应首先明确索赔的依据和理由,并收集相关证据和资料;然后,按照合同约定的程序向对方提出索赔申请,包括索赔报告、证据材料和计算依据等;接着,双方就索赔事项进行协商和谈判,寻求解决方案;最后,根据协商结果签订索赔协议,并执行相应的补偿或调整。

(三)索赔的策略与技巧

为了提高索赔的成功率,应采取一定的策略和技巧。首先,应充分了解合同条款和相关规定,确保索赔的合法性和合理性;其次,及时收集和整理索赔证据,确保证据的真实性和完整性;再次,合理计算索赔金额和工期延长量,确保索赔要求的准确性和合理性;同时,加强与对方的沟通和协商,寻求双方都能接受的解决方案;最后,必要时可寻求法律途径解决索赔争议。

(四)反索赔的应对与防范

在索赔管理中,还应重视反索赔的应对与防范。首先,应严格遵守合同条款和相关规定,避免自身违约行为的发生;其次,加强对项目实施过程的监控和管理,及时发现并纠正对方的违约行为;再次,建立完善的索赔预警机制,及时发现并应对对方的索赔请求;同时,加强与法律顾问的沟通协作,提高自身的法律风险防范能力。

三、项目变更与索赔的关联与协调

(一)变更与索赔的相互关系

在建筑工程项目中,变更与索赔往往密切相关。一方面,变更可能导致索赔的发生,如设计变更导致施工费用增加、施工变更导致工期延长等;另一方面,索赔也可能引发变更,如因对方违约而导致的费用索赔可能引发合同价格的调整。因此,在处理变更和索赔时,应充分考虑两者的相互关系,确保处理的协调性和一致性。

(二)变更与索赔的协调管理

为了实现变更与索赔的协调管理,应采取一系列措施。首先,建立完善的变更与索赔管理制度和流程,明确各方的责任和义务;其次,加强变更与索赔的沟通和协商,确保信息的畅通和共享;再次,合理划分变更与索赔的界限和责任,避免争议和纠纷的发生;同时,加强对变更与索赔的监控和评估,确保处理的及时性和有效性;最后,建立完善的争议解决机制,为变更与索赔的协调处理提供有力保障。

(三)变更与索赔的综合优化

在建筑工程项目管理中,应将变更与索赔作为整体进行综合考虑和优化。通过加强设计变更管理、优化施工流程和技术、建立材料供应和价格预警机制等措施,减少变更的发生和索赔的请求;同时,通过加强索赔管理、提高索赔的成功率、降低反索赔的风险等措施,提高项目的经济效益和合同双方的满意度。此外,还应加强项目团队的建设和培训,提高团队成员对变更与索赔管理的认识和水平,为项目的顺利实施和成功交付提供有力支持。

第八章 建筑工程造价的构成与计价

第一节 建筑工程造价的构成要素分析

一、直接工程费

(一)人工费

人工费,作为建筑工程造价中的核心组成部分,涵盖了直接从事建筑安装工程施工的生产工人的所有费用支出。这不仅包括工人的基本工资,还有为了补偿工人特殊或额外劳动消耗而支付的工资性补贴,如高空作业补贴、夜班补贴等。此外,生产工人辅助工资也是人工费的一部分,它指的是工人在法定工作时间以外或者非工作日内提供的劳动所获得的报酬,如加班费、节假日工资等。除了上述的直接工资支出,人工费还包括职工福利费和生产工人劳动保护费。职工福利费是为了改善工人生活福利条件而支付的费用,如工人的伙食补贴、住房补贴等;而生产工人劳动保护费则是为了确保工人在施工过程中的安全和健康而投入的费用,如安全帽、工作服、防护鞋等劳动保护用品的购置费用。人工费的计算通常依据人工概预算定额或企业定额工日消耗量来确定,再乘以相应的工资单价,从而得出总的人工费用。

(二)材料费

材料费在建筑工程造价中占据着举足轻重的地位,它涉及施工过程中所消耗的所有原材料、辅助材料、构配件、零件以及半成品的费用。这些材料是构成工程实体的基础,其质量和数量直接关系工程的质量和造价。主要材料费是指用于工程主体结构的材料费用,如钢筋、混凝土、木材等;而构配件费则是指用于工程中的各种预制构件和配件的费用,如门窗、楼梯等。此外,半成品费是指经过一定加工过程但尚未达到最终使用状态的材料费用,如预制梁、板等;而周转材料费则是指能够多次使用并逐渐转移其价值的材料费用,如模板、脚手架等。材料费的计算需要考虑到材料的采购、运输、保管以及使用过程中的损耗等多个环节,这些环节的费用都会最终体现在材料费中。

(三)施工机械使用费

施工机械使用费是建筑工程造价中不可或缺的一部分,它涵盖了建筑安装工程中使用施工机械作业所产生的所有费用。这些费用包括机械的折旧费、大修理费、经常修理费以及安拆费和场外运费等。折旧费反映了机械在使用过程中因磨损和老化而逐渐丧失的价值;大修理费和经常修理费则是为了保持机械的正常运转和延长使用寿命而进行的定期或不定期的维修费用;安拆费和场外运费则是机械在施工现场进行安装、拆卸以及转运过程中所产生的费用。此外,施工机械使用费还包括机械操作人员的工资、燃料动力费以及养路费及车船使用税等。这些费用都是为了确保施工机械的正常运转和满足施工需求而必须支付的开支。

二、间接工程费

(一)现场管理费

现场管理费,这一看似简单的名词背后,实则包含了众多复杂且必要的支出项目。在建筑工程造价中,现场管理费占据了一席之地,它主要用于支付施工现场管理人员的各类费用,从而确保工程的平稳、有序进行。具体来说,现场管理人员的工资是这笔费用的核心组成部分。这些管理人员包括但不限于项目经理、技术负责人、安全员等,他们各司其职,共同确保施工现场的各项工作能够高效、准确地完成。除了基本工资外,他们的福利待遇也是现场管理费的重要支出部分,这包括但不限于医疗保险、住房补贴、节假日加班费等。此外,现场管理费还包括了办公费和差旅费。办公费主要用于施工现场的日常办公开支,如购买办公用品、支付通信费用等;而差旅费则是为了保障管理人员在必要时能够迅速、便捷地前往施工现场或相关单位进行沟通协调而设置的。总的来说,现场管理费是确保建筑工程施工现场管理有序进行的重要经济保障,它的合理投入和有效使用,对于提高工程管理效率、确保工程质量具有不可忽视的作用。

(二)措施费

措施费并非直接用于工程实体的建设,而是投入各种保障措施中,以确保工程建设的顺利进行和最终成果的质量。在建筑工程中,安全始终是首要考虑的因素。安全措施费的投入用于购买和更新安全设备、开展安全培训、进行安全检查等,旨在创造一个安全、无虞的施工环境,保护每一位工作人员的生命安全。文明施工措施费涵盖了施工现场的整洁、有序、环保等多个方面。通过投入这笔费用,可以确保施工现场的噪声、扬尘等污染得到有效控制,减少对周边环境和居民的影响。环境保护措施费主要用于采购和更新环保设备、开展环保宣传和教育、实施环保监测等。这些措施的实施,可以最大限度地减少工程建设对自然环境的破坏,实现经济与环境的和谐发展。

(三)规费

在建筑工程造价中,规费涉及的是国家或地方行政部门规定必须缴纳的一系列费用,这些费用与工程的合法性、合规性紧密相连,同时也是企业履行社会责任的重要体现。建筑工程往往规模庞大、技术复杂,因此面临着众多的风险。工程保险费的缴纳,可以为工程提供必要的风险保障,一旦工程遭受意外损失,便能够得到相应的经济赔偿,从而减轻企业的经济压力。社会保障费主要用于支付工人的社会保险金,包括养老保险、医疗保险、失业保险等。通过缴纳社会保障费,企业能够确保工人在遭遇疾病、工伤等困境时得到及时的经济援助,维护他们的基本生活权益。住房公积金也是规费中的一项重要支出。它旨在帮助建筑工人解决住房问题,提高他们的生活质量。企业按照国家规定为工人缴纳住房公积金,工人便可以在未来购房时享受到相应的优惠政策,从而减轻他们的经济负担。

三、计划利润与税金

(一)计划利润

计划利润,在建筑工程造价中,是一个前瞻性的概念,它代表了相关单位对未来工程完成后所期望获得的利润进行预先规划。这一规划不仅体现了企业的盈利目标,更在某种程度上反映了企业对自身实力和市场环境的综合判断与策略布局。利润,作为企业经济活动的核心目标,是驱动企业进行工程建设的根本动力。在建筑工程领域,利润的计算并非固定不变,而是根据企业的特定情况,如技术水平、管理效率、资金状况等,以及外部市场环境,如行业竞争态势、制度法规变化、消费者需求等,进行灵活调整。因此,计划利润的制定是一个动态、复杂且需要高度策略性的过程。合理的利润规划不仅能够激励企业不断提升工程建设效率和质量,以降低成本、增加收入,还能够引导企业在激烈的市场竞争中保持清醒的头脑,做出符合自身利益和市场规律的决策。

(二)税金

税金,在建筑工程造价中占据着一席之地,它是企业必须向国家缴纳的一部分经济收入。税金的种类多样,包括但不限于增值税、营业税等,这些税金的征收标准和方式均由国家相关规定明确规定。税金不仅是企业履行社会责任的重要表现,更是国家财政收入的重要来源。通过税金的缴纳,企业为国家的经济发展和社会建设做出了贡献,同时也为自身创造了一个稳定、公平的市场环境。税金的合理征收和有效使用,对于维护社会经济的稳定和持续发展具有不可替代的作用。

四、其他费用

除了人工费、材料费、施工机械使用费等主要费用之外,建筑工程造价中还可能包含一系列其他费用,这些通常被视为补充性支出。勘察设计费,就是其中一项,它涉及工程前期的地质勘探和工程设计,这是确保工程安全和合理性的重要步骤。预备费,则是为了应对可能出现的不可预见情况而预留的资金,比如自然灾害、市场价格波动等突发事件。此外,工程变更费也是一个重要的考虑因素,因为在建设过程中,由于设计调整、业主需求变化等原因,可能需要对原有工程计划进行修改,这就会产生额外的费用。这些补充性支出虽然不是常规费用,但对于确保工程的顺利进行和应对不确定因素至关重要,因此在制定建筑工程造价时,也需要给予充分考虑。

第二节 建筑工程造价的计价原则与方法

一、建筑工程造价的计价原则

（一）准确性原则

在工程项目的全过程中,从初步设计到施工完成,造价的准确性直接关系到项目的经济效益和投资回报。造价的准确性不仅要求数据真实可靠,更需要在细节上做到精确无误。为了实现这一目标,造价人员必须具备严谨的工作态度和高度的责任心。在收集和核对数据时,应通过多种渠道进行验证,确保每一项数据的真实性。同时,利用现代化的信息技术手段,如大数据分析、云计算等,可以有效提高数据处理的精确性和效率。此外,造价人员还应不断提升自身的专业素养,掌握最新的造价计算方法和技巧。通过定期参加专业培训、与行业同人交流等方式,不断更新自己的知识体系,以适应不断变化的市场环境和技术要求。在实际操作中,造价人员还需要对工程项目的各个环节进行深入了解,确保每一项费用都被准确计算和合理分配。只有这样,才能为项目的决策者提供真实、可靠的造价信息,帮助他们做出明智的决策。

（二）全面性原则

一个完整的工程项目造价不仅包括直接费用,如人工费、材料费、机械使用费等,还包括间接费用,如管理费、税金等。因此,在进行造价计算时,必须全面考虑所有相关费用,确保不遗漏任何一项。为了实现全面性原则,造价人员需要对工程项目的各个环节进行深入了解和分析。他们需要与项目团队紧密合作,了解项目的具体需求和目标,从而确保每一项费用都被充分考虑。同时,造价人员还需要关注市场动态和制度变化,及时调整造价计算方法和参数。例如,当市场价格或税率发生变化时,造价人员需要迅速反应,更新造价计算模型,以确保造价的全面性和准确性。此外,全面性原则还要求造价人员对工程项目的风险进行充分评估。通过识别和分析潜在的风险因素,造价人员可以更全面地了解项目的成本结构,从而为项目的顺利实施提供有力保障。

（三）动态性原则

由于市场条件、制度环境和技术进步的不断变化,建筑工程造价也必须随之调整。这就要求造价人员具备敏锐的市场洞察力和灵活应变能力。为了实现动态性原则,造价人员需要密切关注市场动态和制度变化。他们可以通过定期查阅行业报告、参加专业研讨会等方式,获取最新的市场信息和制度动向。同时,他们还需要与供应商、承包商等合作伙伴保持紧密联系,及时了解市场价格和成本变化。在技术进步方面,造价人员需要关注新型建筑材料、施工工艺和智能化技术的应用。这些技术进步不仅能降低工程成本,还能提高工程质量和效率。

（四）经济性原则

在确保工程质量和安全的前提下,应尽可能降低造价成本,提高投资回报。这要求造价人员在进行计价时,要充分考虑各种因素,寻求最佳的成本效益比。为了实现经济性原则,造价人员需要在项目初期就进行深入的成本效益分析。他们可以通过对比不同设计方案、施工工艺和材料选择等因素对成本的影响,为项目决策者提供最优化的建议。同时,在施工过程中,造价人员还需要密切关注成本控制情况。他们可以通过定期分析成本数据、识别成本超支风险等方式,及时提出成本控制措施和建议,确保项目在预算范围内顺利完成。

二、建筑工程造价的计价方法

(一)定额计价法

定额计价法是一种基于国家或地区颁布的定额标准进行计算的方法。它根据工程项目的具体内容和要求,选择合适的定额子项目,并结合市场价格信息进行计算。这种方法具有标准化、规范化的特点,便于统一管理和比较。但需要注意的是,定额标准可能存在一定的滞后性,需要根据市场变化进行及时调整。

(二)清单计价法

清单计价法是一种基于工程量清单进行计价的方法。它首先根据工程项目的施工图纸和设计要求,编制出详细的工程量清单。然后,根据市场价格信息和工程量清单中的项目特征、工作内容等进行计算。这种方法能够更直观地反映工程项目的实际造价情况,便于业主和施工单位进行成本控制和预算管理。但需要注意的是,工程是清单的编制需要严谨、细致,以确保其准确性和完整性。

(三)综合单价法

综合单价法是一种将工程项目的各项费用综合到一个单价中进行计算的方法。这个单价包括了人工费、材料费、机械使用费、管理费和利润等所有相关费用。通过确定综合单价和工程量,可以方便地计算出工程项目的总造价。这种方法简化了计价过程,提高了计算效率。但需要注意的是,综合单价的确定需要充分考虑各种因素,以确保其合理性和准确性。

(四)市场比较法

市场比较法是通过参考类似工程项目的市场价格信息来进行计价的方法。它首先收集和分析类似工程项目的造价数据和市场价格信息,然后根据工程项目的具体情况和要求进行调整和修正,得出最终的造价结果。这种方法能够反映市场价格的真实情况,但需要注意的是,类似工程项目的选择需要具有相似性和可比性,以确保造价的准确性和可靠性。

第三节 建筑工程造价的估算与预算

一、基本概念

(一)估算(投资估算)

估算,作为建设项目投资决策过程中的关键环节,是在项目建议书和可行性研究阶段对建设项目总投资进行的全面、科学的预估。这一过程发生在项目决策的早期阶段,是项目经济可行性的初步判断,为后续的设计方案制定、施工计划安排以及资金筹措等提供了重要的经济参考。估算工作并非一蹴而就,而是随着项目的逐步推进和细化,分为机会研究、项目建议书、初步可行性研究以及详细可行性研究四个循序渐进的阶段。每一个阶段,估算的精度都会随着项目信息的不断完善和具体化而逐渐提高。从最初的大致估算,到后来的较为精确的预测,估算的逐步精细化有助于项目决策者更加准确地把握项目的经济命脉,为项目的成功实施奠定坚实的经济基础。科学合理的估算,可以确保项目在预算范围内顺利进行,避免因资金问题而导致的项目中断或延误。

(二)预算(施工图预算)

预算,在建筑工程项目中扮演着至关重要的角色,它是在施工图纸设计完善后至交易阶段确定招标控制价、投标报价的关键时期内,对建筑安装工程造价进行细致且精确的计算。这一过程严格依据施工图纸所明确的工程量,结合计价规范、消耗量定额、当前市场价格以及各项费用标准,通过逐级分解的方式,从分项工程、分部工程,到单位工程、单项工程,层层递进,确保每一环节的成本都得到精确核算。预算不仅是工程价款的标底,更是确定工程合同价款、合理控制工程造价、保障项目经济效益的重要依据。科学的预算编制,可以有效避免成本超支,确保项目在预定的经济框架内顺利推进,为工程项目的成功实施提供坚实的经济支撑和保障。

二、特点

(一)估算的特点

估算在项目管理中展现出全局性、预测性与不确定性等多重特性。全局性意味着在进行估算时,必须全面考虑项目的整体投资规模,这不仅仅局限于直接的工程费用,如施工、材料等开支,还涵盖了其他诸如征地、设计、管理以及预备费用等各项支出。预测性则体现在估算工作通常发生在项目的决策初期,它基于对项目未来实施情况的预判,力求科学预测总投资额,为项目决策提供关键的经济数据支持。然而,由于项目在初期阶段往往存在诸多未知因素,如市场环境变化、设计调整、制度变动等,这些都使得估算结果不可避免地带有一定的不确定性,即估算值与实际投资之间可能存在一定范围的误差。

(二)预算的特点

详细性要求预算工作必须依据施工图纸,对每一项工程量进行细致入微的计算,确保无任何遗漏和缺失,从而全面反映工程的实际造价需求。精确性则进一步强调预算结果的准确度,要求预算人员充分利用专业知识和经验,结合市场实际情况,使预算结果尽可能贴近最终的实际造价,为工程价款的合理结算提供坚实依据。而预算的约束性则体现在其作为工程价款的最高限额,一旦确定,便成为施工过程中不可逾越的红线,任何超出预算的开支都必须经过严格的审批程序,确保项目成本得到有效控制,避免不必要的经济损失,从而保障工程项目的顺利实施和经济效益的最大化。

三、编制依据

(一)估算的编制依据

估算的编制是一个综合考量多方面因素的过程,其依据主要包括项目规划方案、各类经济指标数据以及相关制度法规。项目规划方案作为估算的基石，详细阐述了项目的规模、功能布局、技术标准及实施要求，为估算提供了明确的方向和框架。经济指标数据则是估算过程中不可或缺的重要参考，包括单位造价指标、人工、材料、机械的市场价格等，这些数据直接影响了估算的准确性和合理性。同时，相关制度法规对估算的编制方法、内容等方面也提出了具体且严格的要求，确保了估算的规范性和合法性。因此，在编制估算时，必须全面、准确地收集和整理这些依据，以确保估算结果的科学性、合理性和可行性，为项目的顺利实施提供有力的经济保障。

(二)预算的编制依据

预算的编制是一个严谨而细致的过程，其依据涵盖了多个关键要素，施工图纸作为预算的基石，详细描绘了工程的各个细节，直接决定了工程的实物量，为预算的编制提供了最基础的数据支持。计价规范在预算编制中起着至关重要的指导作用，它不仅规定了预算的编制方法和计算规则，还确保了预算的规范性和统一性。此外，消耗量定额、人材机市场价格以及费用标准等也是预算计算不可或缺的重要参数。消耗量定额反映了施工过程中的资源消耗水平，人材机市场价格则体现了当前市场的实际成本，而费用标准则规定了各项费用的计算方法和取值范围。这些依据共同构成了预算编制的完整框架，确保了预算结果的准确性和合理性，为工程项目的成本控制和经济效益分析提供了有力支撑。

四、编制内容

(一)估算的编制内容

估算的编制内容广泛而全面，主要涵盖了工程费用、其他费用以及预备费用三大方面。工程费用作为估算的核心部分，直接关联到工程建设的实体投入，包括建筑工程费、安装工程费以及设备购置费等，这些费用是确保工程按质按量完成的基础。其他费用则涉及项目实施过程中必要的非实体性支出，如土地征用及迁移补偿费，用于保障项目用地的合法权益；建设单位管理费，用于项目的管理和协调;勘察设计费,则是确保工程设计科学合理的重要投入。预备费用则是为了应对项目实施过程中可能出现的各种不可预见因素,如市场波动、设计变更等,而预先留出的费用,以保障项目的顺利进行和风险控制。这些内容的全面考虑,确保了估算的准确性和可靠性,为项目的顺利实施提供了坚实的经济基础。

(二)预算的编制内容

预算的编制内容细致且全面,主要涵盖了直接费、间接费、利润和税金等关键要素。直接费,作为预算中最直接、最具体的部分,包括了人工费、材料费、机械费等直接用于工程实体建设的费用,这些费用是工程成本的主要组成部分,直接反映了工程建设的实际投入。间接费则体现了为组织和管理工程施工所发生的各项费用,如企业管理费、规费等,这些费用虽然不直接用于工程建设,但却是确保工程顺利进行不可或缺的支持性支出。利润和税金则是施工企业应得的合理回报和应尽的税收义务,它们不仅体现了施工企业的经济效益,也反映了企业对社会的贡献。

第四节 建筑工程造价的动态调整与结算

一、建筑工程造价动态调整的方法

(一)成本估算

成本估算是建筑工程项目启动阶段的首要任务,它要求项目团队基于项目规模、技术难度、市场条件等多重因素,对项目未来可能发生的全部费用进行科学合理的预测。这一过程不仅关乎数字的堆砌,更是对项目整体情况的一次全面审视和评估。首先,项目规模是影响成本估算的关键因素之一。大型项目往往涉及更多的资源投入和更复杂的施工组织,因此其成本估算需更加细致和全面。技术难度同样不容忽视,新技术、新材料的应用可能带来成本的不确定性,要求估算人员具备相应的专业知识和前瞻性判断。市场条件的变化,如材料价格的波动、劳动力成本的上涨等,也会对成本估算产生重要影响。因此,估算人员需密切关注市场动态,运用历史数据和市场趋势分析,合理预测未来成本走势,确保估算的准确性和时效性。此外,成本估算还应考虑项目的风险因素,如施工过程中的不确定性、制度变化等,通过设立风险准备金或预留一定的预算余地,以应对可能出现的成本超支。

(二)成本控制

成本控制是建筑工程项目造价管理的核心环节,它贯穿于项目建设的全过程,旨在通过有效的管理手段,确保工程造价控制在预算范围内。在材料采购方面,项目团队需建立严格的采购制度,通过比价、招标等方式,选择性价比高的供应商,降低材料成本。同时,加强材料库存管理,避免浪费和损失。劳动力使用方面,应合理安排施工计划,提高劳动力使用效率,减少窝工和浪费。通过技能培训、激励机制等措施,提升工人的工作积极性和技能水平,进一步提高劳动生产率。设备租赁方面,需根据施工需求,合理选择设备型号和租赁方式,避免设备闲置和浪费。同时,加强设备维护和管理,延长设备使用寿命,降低租赁成本。除了上述具体措施外,项目团队还应通过优化施工方案、提高施工效率等手段,降低整体造价。这包括采用先进的施工技术、优化施工流程、加强现场管理等方面。通过精细化的成本控制,确保项目在保证质量的前提下,实现经济效益的最大化。

(三)成本变更管理

设计变更、工程量增减等变更情况的发生,要求项目管理者具备敏锐的市场洞察力和高效的决策能力,以确保变更后的造价仍然合理且可控。首先,项目管理者应建立完善的变更管理制度,明确变更的申请、审批、执行和结算流程。对于每一项变更请求,都需进行严格的评估和分析,确保其必要性和合理性。同时,加强与业主、设计单位、施工单位等各方的沟通协调,确保变更信息的及时传递和反馈。在变更评估过程中,项目管理者需充分考虑变更对造价的影响,包括直接成本和间接成本的变化。通过对比分析变更前后的造价差异,为决策提供依据。对于重大变更,还需进行详细的成本预测和风险评估,以确保变更后的造价仍然可控。在变更执行过程中,项目管理者需加强现场管理和监督,确保变更按照既定方案顺利实施。同时,加强与施工单位的沟通协调,及时解决施工过程中出现的问题和困难。在变更结算阶段,需要严格按照合同条款和变更协议进行结算,确保结算结果的公正性和准确性。

二、建筑工程造价动态调整的关键因素

(一)市场供求关系

在市场经济条件下,资源的分配和价格的形成都受到供求关系的深刻影响。对于工程建设项目而言,当市场上施工队伍、建筑材料等供应过剩时,竞争加剧,价格自然下降,工程造价也随之降低。相反,当市场供需平衡或供应不足时,资源变得稀缺,价格上升,工程造价则相应增加。项目管理者必须密切关注市场动态,特别是行业发展趋势、制度变化、经济周期等宏观因素,以及地区性、季节性等微观因素,这些都会影响市场的供求状况。通过定期的市场调研和数据分析,项目管理者可以预测市场走势,及时调整造价预算,避免因市场变化而导致的成本超支。同时,项目管理者还应加强与供应商、分包商等合作伙伴的沟通与合作,建立稳定的供应链体系,以应对市场波动带来的风险。在合同签订时,可以考虑加入价格调整条款,以应对未来可能出现的价格上涨情况。

(二)材料价格

建筑材料作为工程建设项目的重要组成部分,其价格的波动对工程造价有着直接且显著的影响。材料价格的上涨会直接增加项目成本,而价格下跌则可能带来成本节约的机会。项目管理者需要建立一套完善的材料价格信息统计表,定期收集、整理和分析各类材料的市场价格信息。这不仅可以帮助项目管理者及时了解材料价格的变化趋势,还可以为造价预算的编制和调整提供有力的数据支持。同时,项目管理者还应加强与材料供应商的沟通与协商,争取获得更优惠的材料价格。在材料采购过程中,可以通过集中采购、长期合作等方式,降低采购成本,提高采购效率。此外,还可以考虑采用替代材料或

新技术、新材料,以降低材料成本对工程造价的影响。

(三)劳动力成本

随着劳动力市场供需状况的变化,劳动力成本也会发生相应波动。项目管理者需要合理安排劳动力资源,提高劳动力使用效率,以降低劳动力成本对工程造价的影响。项目管理者应根据项目规模和施工进度,制订合理的劳动力需求计划。通过科学的施工组织设计,确保劳动力资源的合理配置和有效利用。同时,加强现场管理和监督,避免劳动力浪费和怠工现象的发生。通过定期的培训和学习,提高工人的技术水平和工作效率,从而降低单位工程量的劳动力成本。此外,还可以考虑采用机械化、自动化等先进技术,替代部分人工劳动,进一步提高劳动力使用效率。

三、建筑工程造价的结算机制

建筑工程造价的结算是指在工程建设项目完成后,对实际发生的工程造价进行核算和支付的过程。结算机制的科学性和合理性直接关系项目的经济效益和各方利益。

(一)结算依据

建筑工程造价的结算依据主要包括施工图纸、合同、工程量清单、变更通知单等。这些依据需要真实、准确地反映项目的实际情况和造价构成,以确保结算的公正性和准确性。

(二)结算方法

建筑工程造价的结算方法主要有工程造价指数调整法、实际价格调整法、调价文件计算法和调值公式法等。这些方法各有优缺点,项目管理者需要根据项目的实际情况和市场条件选择合适的结算方法。

工程造价指数调整法:根据当地工程造价管理部门公布的工程造价指数,对原工程造价进行调整。这种方法适用于造价受市场波动影响较大的项目。

实际价格调整法:根据实际发生的材料价格、劳动力成本等费用进行调整。这种方法适用于造价受市场波动较小或项目管理者对市场价格有较好掌握的项目。

调价文件计算法：根据工程造价管理部门的文件规定，对材料用量和价差进行计算和调整。这种方法适用于造价受制度影响较大的项目。

调值公式法：根据国际惯例和合同约定，采用调值公式对工程造价进行动态调整。这种方法适用于国际工程项目或合同中有明确调值条款的项目

（三）结算流程

建筑工程造价的结算流程一般包括提交结算申请、审核结算资料、核对工程量、计算工程造价签订结算协议等步骤。项目管理者需要严格按照结算流程进行操作，确保结算的顺利进行和结果的准确性。

第五节　建筑工程造价的审查与审计

一、建筑工程造价审查与审计的主要内容

（一）工程量审查

工程量作为工程造价的基石，其准确性直接关系整个工程造价的合理性，在进行造价审查与审计时，工程量的审查自然成为不可或缺的先行环节。审查人员在执行这一任务时，必须严格以施工图纸、设计变更、施工合同等权威文件为依据，这些文件不仅为工程量审查提供了准确的数据来源，还是确保审查结果可靠性的重要支撑。在实际操作中，审查人员需对每一项实际完成的工程量进行详尽无遗的核查。这一过程要求审查者具备高度的专业性和细致入微的观察力，以确保每一项工程量的数据都准确无误。任何细微的差错都可能导致工程造价的失真，进而影响项目的整体经济效益。除此之外，工程量计算规则的正确应用也是审查的重点。工程量计算规则的复杂性和多样性要求审查人员不仅要熟悉规则本身，还需具备灵活运用的能力。在审查过程中，应特别注意规则的一致性和适用性，避免因计算规则不当而导致的工程量误

差。同时,重复计算和漏算问题是工程量审查中需要严加防范的风险点。重复计算可能导致工程造价虚高,而漏算则可能造成成本低估,两者都会对项目的经济效益产生不利影响。因此,审查人员需通过严谨的工作流程和细致的数据比对,确保每一项工程量都只被计算一次,且所有应计算的工程量均已被纳入考虑。

(二)套用单价审查

在审查套用单价时,应着重考察几个核心要素。首先是定额的选用问题,定额作为计算工程造价的基础,其选择的恰当性直接关系造价的准确性。审查人员需要仔细甄别所选定额是否与工程项目的实际情况相吻合,这包括工程项目的类型、规模、技术难度等多个维度。只有当定额的选用充分考虑工程项目的具体特点和需求时,才能确保造价计算的精准性。单价换算涉及多种复杂因素,如材料价格、人工费用、机械设备使用费等,这些都会随着市场环境和项目进度的变化而波动。因此,在审查过程中,必须核实单价的换算是否严格遵循了行业内的相关换算规则,以确保换算结果的科学性和合理性。对于补充定额的编制,同样需要给予充分的关注。补充定额通常是在标准定额无法满足工程项目特殊需求时采用的,因此其编制的合理性和科学性至关重要。审查人员需要仔细检查补充定额的编制过程是否严谨,是否充分考虑了工程项目的实际情况,并且是否经过了严格的审批程序。只有当补充定额既符合工程项目的实际需求,又经过了权威部门的审核批准,才能确保其在工程造价计算中的有效性。

(三)费用项目审查

费用项目审查是工程造价审查与审计中的重要环节,其关键在于确保各项费用的计取既合理又合规。这一审查过程涵盖了直接费、间接费、利润以及税金等多个层面,每一层面都涉及工程项目成本的精确核算与合规性评估。审查人员在进行费用项目审查时,必须以国家及地方的相关规定和制度规定为准则,这些规定为费用计取提供了明确的指导和约束。对于直接费的审查,重点在于核实与工程项目直接相关的费用,如材料费、人工费等,是否按照实际发生额进行准确计取,并且符合市场价格和行业规范。间接费用的审查则更为复杂,需要仔细分析各项间接费用与工程项目的关联度,以及是否存在不合理的费用摊派或虚增情况。利润和税金的审查同样不容忽视。利润的计算应基于合理的利润率,并考虑工程项目的风险和市场环境。税金的计取则需严格遵守国家税收法规,确保税金的种类、税率和计税基础均正确无误。在整个审查过程中,审查人员需对各项费用进行逐一核查,通过对比分析、数据校验等方法,确保每一笔费用的计取都合法、合规且合理。

二、建筑工程造价审查与审计的方法与技巧

(一)全面审查法

全面审查法作为工程造价审查与审计的一种重要方法,其核心在于对工程项目的造价进行全面且系统的核查。这种方法以其审查的全面性和细致性而著称,能够深入到工程造价的每一个细节,从而最大限度地揭示出造价中可能存在的问题和隐患。全面审查,可以确保工程造价的准确性和合规性,为项目的顺利实施提供坚实的财务基础。然而,全面审查法也存在一定的局限性,主要体现在其工作量较大和耗时较长方面。由于需要对工程项目的所有造价细节进行逐一核查,这必然要求审查人员投入大量的时间和精力。因此,在选择使用全面审查法时,需要充分考虑项目的实际情况和审查资源的可用性。鉴于其特点,全面审查法更适用于工程量较小、工艺较简单的工程项目。这类项目由于规模相对较小,造价构成相对简单。使用全面审查法可以在保证审查质量的同时,相对控制审查所需的时间和资源。全面、系统的审查,可以更为精确地掌握工程项目的造价情况,为项目管理和决策提供有力支持。

(二)重点审查法

重点审查法在工程造价审查与审计中扮演着重要角色,它侧重于对工程项目中的关键部位和核心环节进行深入审查。这一方法的显著优势在于其能够精准地锁定审查的重点,集中资源和精力解决主要问题,从而显著提升审查的效率。通过聚焦于工程项目的核心部分,重点审查法有助于迅速识别和纠

正造价中的关键性错误或不合规行为,为项目的经济效益和合规性提供有力保障。然而,重点审查法也存在一定的不足,即它可能无法全面覆盖工程项目的所有方面,特别是那些非关键部位或细节。由于审查的焦点集中在特定领域,这可能导致一些非核心但同样重要的造价问题被忽视。这种局限性可能会对项目的整体造价准确性造成一定影响。为了克服这一缺点并最大限度地发挥重点审查法的优势,审查人员在使用该方法时,必须结合工程项目的具体特点和实际需求,科学合理地确定审查的重点。这要求审查人员具备深厚的专业知识和丰富的实践经验,以便能够准确判断哪些部位和环节对工程造价具有决定性影响,并据此制订针对性的审查计划。这样的方式,可以在保证审查效率的同时,尽可能减少造价问题的遗漏,从而确保工程项目造价的全面性和准确性。

(三) 对比审查法

对比审查法的核心在于,将当前工程项目的造价与类似已完成工程的造价进行详细对比分析,通过这种比对,能够迅速识别出两者之间的差异和异常点。这种方法的显著优点是,它能够快速揭示出造价中可能存在的问题区域,为审查人员提供进一步深入审查的明确方向。换言之,对比审查法起到了一种"筛查"或"预警"的作用,帮助审查人员高效地锁定需要重点关注的造价部分。然而,对比审查法也有其固有的局限性。由于工程项目之间的差异性,包括地理位置、设计规格、施工条件、市场环境等诸多因素都可能对工程造价产生影响。因此,单纯的造价对比结果可能并不能完全反映实际情况,有时甚至会引发误导。这就要求审查人员在使用对比审查法时,必须保持审慎态度,对比结果需要结合工程项目的具体背景和其他审查方法所得出的结论进行综合考量。

第九章　建筑工程合同管理与造价管理

第一节　建筑工程合同的类型与特点

一、总价合同

（一）价格固定

在合同签订之时，合同总价已经经过双方充分协商并明确约定，这一价格通常涵盖了承包人完成项目所需的所有费用，包括但不限于材料费、人工费、机械使用费以及一定的利润和税金等。除非合同中另有约定或发生特定的调整情况(如制度变化、不可抗力事件等)，否则该价格在整个合同执行过程中将保持不变。这种价格固定性为发包人提供了明确的预算控制，有助于其在项目初期就进行精确的成本规划和资金筹措。同时，对于承包人而言，价格固定也意味着其必须在合同签订时就对项目的成本有充分的预估和把控，以确保在项目实施过程中不会出现因成本超支而导致的亏损。

（二）风险分担

通常情况下，承包人需要承担工程量和价格的风险，即无论实际工程量是否增加或减少，合同总价都不会因此进行调整。这就要求承包人在投标和合同签订阶段就对工程量和价格进行充分的预估和判断，以应对可能出现的风险。相对而言，发包人则主要承担工程变更和不可抗力等风险。工程变更通常指的是在项目实施过程中，由于设计、技术或其他原因导致的工程范围、质量标准或施工方法的改变。这类变更往往会引起工程量的增减和成本的波动，因此在总价合同中，发包人需要承担相应的风险。不可抗力风险则是指那些无法预见、无法避免且无法克服的自然灾害或社会事件,如地震、洪水、战争等,这些事件一旦发生,可能会对项目的实施造成严重影响,此时发包人也需要承担相应的损失。这种风险分担方式有助于激励承包人在项目实施过程中提高效率和降低成本,因为任何因自身原因导致的成本超支都将由其自行承担。同时,发包人也能更好地控制项目成本和进度,减少因承包人原因导致的损失。

(三)管理简便

由于总价合同的价格固定性和风险分担明确性,发包人在合同履行过程中的管理工作相对简便。在价格方面,发包人无须担心因工程量变化或市场价格波动而导致的合同价格调整,从而可以更加专注于工程质量和进度的控制。在风险管理方面,由于发包人和承包人各自承担的风险已经明确划分,双方在项目实施过程中可以更加有针对性地制定风险应对措施,减少因风险事件而导致的纠纷和损失。这种管理的简便性不仅提高了项目的执行效率,也有助于维护发包人和承包人之间的良好合作关系。

二、单价合同

(一)单价固定

单价合同意味着在合同签订之时,双方就已经明确并固定了各项工程细目的单价。这一单价通常是根据市场行情、工程难度、技术要求以及承包人的专业能力和经验等多个因素综合确定的。一旦确定,该单价在合同执行过程中将保持不变,除非双方另有约定或遇到不可抗力等特殊情况。与总价合同不同,单价合同中的工程量并不是预先确定的,而是根据实际完成情况进行结算。这种结算方式要求发包人在项目实施过程中对工程量的变化进行实时跟踪和记录,以便在项目完成后按照实际完成的工程量与承包人进行结算。这种方式既能够确保发包人根据实际工程量支付费用,也能够激励承包人提高工作效率,因为承包人的收益将直接与其实际完成的工程量挂钩。

（二）风险共担

在单价合同中，发包人和承包人需要共同承担工程量的风险。具体来说，发包人需要承担工程量增加的风险，而承包人则需要承担工程量减少的风险。这种风险分担方式有助于平衡双方之间的利益关系，确保项目的顺利实施。当实际工程量超过预期时，发包人需要支付更多的费用给承包人，从而承担工程量增加的风险。相反，如果实际工程量低于预期，承包人的收益将会减少，因此承包人需要承担工程量减少的风险。这种风险共担机制有助于激励双方更加谨慎地评估和预测工程量，减少因工程量变化而导致的纠纷和损失。此外，单价合同中的风险共担还体现在对市场价格波动的处理上。由于单价在合同签订时已经确定，因此市场价格波动对合同单价不会产生影响。这种稳定性有助于双方在项目实施过程中更好地控制成本和预算。

（三）灵活性高

单价合同还具有高度的灵活性，这是由其单价固定而工程量可调的特性所决定的。在项目实施过程中，由于设计变更、地质条件变化、制度调整等原因，工程量很可能会发生变化。在单价合同中，这种变化并不会对合同单价产生影响，双方只需根据实际完成的工程量进行结算即可。这种灵活性使得单价合同能够适应工程实施过程中可能出现的变化。当工程量发生变化时，双方无须对合同单价进行调整，从而简化了合同变更的流程和时间成本。同时，单价合同的灵活性还有助于双方在项目实施过程中根据实际情况进行协商和调整，以更好地满足项目需求和应对突发情况。此外，单价合同的灵活性还体现在对支付方式的约定上。双方可以根据项目实际情况和资金状况灵活调整支付方式和时间节点，以确保项目的顺利进行和资金的合理使用。

三、成本加酬金合同

（一）成本实报实销

在成本加酬金合同中，成本的实报实销是一个基础且核心的原则。这意味着发包人将根据承包人在项目实施过程中实际发生的成本进行支付。这种支付方式显然不同于总价合同和单价合同,后两者在合同签订时就已经确定了支付的总价或单价。成本实报实销的原则确保了承包人不会因成本超支而遭受亏损。在项目实施过程中,承包人需要详细记录并证明所有实际发生的成本,包括但不限于材料费、人工费、设备使用费等。这些成本记录将作为发包人支付款项的依据,从而有效保障了承包人的经济利益。然而,成本实报实销并不意味着承包人可以无限制地增加成本。合同中通常会设定一些成本控制和审计的机制,以确保承包人提供的成本数据是真实、合理且符合项目需求的。这些机制可能包括定期的成本审查、成本超支的预警系统以及成本节约的奖励措施等。

(二)酬金约定

酬金是发包人为了激励和补偿承包人在项目实施过程中所付出的努力、承担的风险以及提供的专业服务而支付的额外款项。酬金的支付方式在合同中会明确约定,可以根据项目的具体情况和双方的需求采取不同的形式。例如,酬金可以是一个固定的金额,与项目的实际成本无关;也可以是实际成本的一定比例,这种方式下承包人的收益将与其成本控制的能力直接挂钩;还可以是其他更复杂的形式,如根据项目的质量、进度或创新程度来确定酬金的数额。酬金的约定对于平衡发包人和承包人之间的利益关系至关重要。合理的酬金支付方式能够激励承包人更加高效地执行项目,同时确保发包人获得物有所值的服务。因此,在签订成本加酬金合同时,双方应充分协商并明确酬金的支付方式,以避免后续可能出现的纠纷。

(三)风险主要由发包人承担

在成本加酬金合同中,由于成本的实报实销原则,承包人所承担的风险相对较低。这是因为承包人的主要收益来源于实际发生的成本和约定的酬金,而这两者都在合同中得到了明确的保障。因此,承包人在项目实施过程中主要关注的是如何高效地完成项目任务,并提供符合质量要求的服务。相对而言,发包人在这种合同模式下需要承担更大的风险。首先,发包人需要承担工程成本超支的风险。由于实际成本可能受到多种因素的影响(如市场价格波动、设计变更、不可抗力事件等),因此发包人需要准备足够的资金来应对可能出现的成本增加。其次,发包人还需要承担项目质量和进度控制的风险。虽然承包人会努力完成项目任务,但项目的最终质量和进度仍然取决于发包人的有效管理和监督。为了降低风险,发包人在签订成本加酬金合同前应进行充分的风险评估和预算规划。

四、其他特殊类型合同

除了上述三种常见的合同类型外,还有一些特殊类型的建筑工程合同,如EPC(设计—采购—施工)合同、DB(设计—建造)合同等。这些合同类型通常适用于特定类型的工程项目或特定的工程实施模式。它们的主要特点包括集成化程度高、责任明确、管理效率高等。EPC 合同强调设计、采购和施工的紧密集成,有助于实现工程项目的整体优化;DB 合同则明确规定了设计和建造的责任边界,有助于减少工程实施过程中的纠纷和扯皮现象。这些特殊类型的合同在工程实践中得到了广泛应用,并取得了良好的效果。

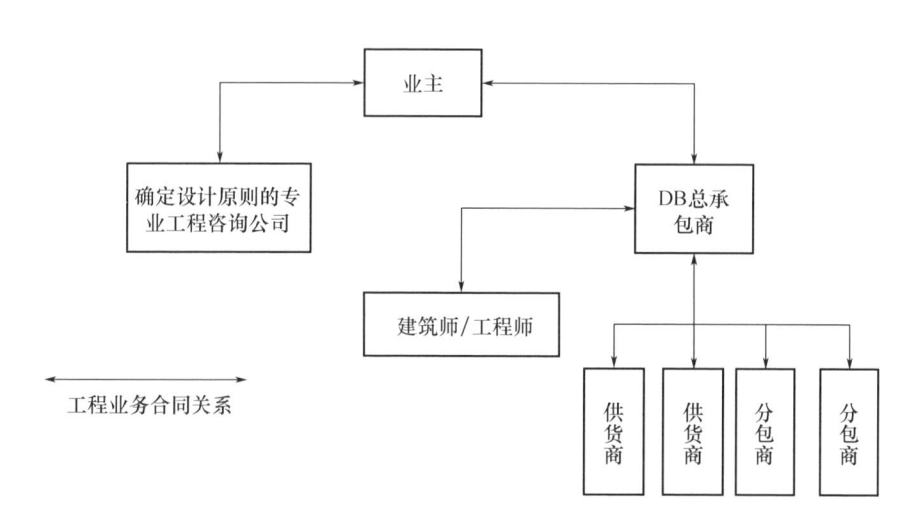

图 9-1 DB 总承包模式

第二节　建筑工程合同的签订与履行管理

一、合同签订的前期准备

（一）市场调研

市场调研是建筑工程合同签订前的首要步骤,其目的在于深入了解建筑市场的当前状况和未来趋势。这一环节涉及对行业动态、材料价格、劳动力成本等关键信息的搜集与分析。通过调研掌握建筑行业的发展趋势,了解制度走向、市场需求变化以及技术创新的动态。这些信息对于预测项目未来可能面临的挑战和机遇至关重要。建筑材料的价格波动直接影响工程成本。市场调研,可以获取最新的材料价格信息,从而更准确地估算工程预算。劳动力是建筑工程不可或缺的资源。调研劳动力市场的供需状况、工资水平及变化趋势,有助于合理预算人工费用,并确保项目进展过程中有足够的人力资源支持。

（二）风险评估

风险评估是建筑工程合同签订前不可或缺的一环,它涉及对项目潜在风险的全面识别和分析。主要针对工程设计、施工方案、新技术应用等方面可能存在的问题进行评估。识别技术难点和挑战,可以在合同签订前采取相应的预防措施。主要关注项目资金筹措、成本控制、收益预测等方面的风险。通过评估确保合同条款中有关财务的约定更加合理,降低因资金问题导致的合同违约风险。涉及市场需求变化、竞争加剧等外部因素对项目的影响。评估市场风险,可以在合同中设定相应的应对条款,提高项目的市场适应性。主要针对合同相关规定、制度变化等可能带来的风险进行评估。这有助于确保合同条款的合法性和合规性,避免因法律问题导致的纠纷。风险评估的结果不仅为合同条款的制定提供了重要依据,还为项目实施过程中的风险管理提供了指导方向。

(三)合作伙伴的选择

在建筑工程项目中,选择合适的合作伙伴是确保项目成功的关键因素之一。这包括承包商、供应商等各方参与者的选择。在选择合作伙伴时,首先要对其资质进行全面审查。这包括企业资质、业绩记录、技术实力等方面的评估,以确保合作伙伴具备完成项目所需的基本条件。通过考查其历史项目、客户满意度等信息,判断其是否具备高效、高质量完成项目的能力。通过了解其在业界的口碑、合作态度等信息,预测其在项目实施过程中的可靠性和稳定性。评估合作伙伴的技术研发团队、创新能力等方面,有助于确保项目的技术水平和创新性。选择合适的合作伙伴不仅有助于提高项目的整体质量,还能在合同履行过程中减少摩擦和纠纷,保障项目的顺利进行。

(四)合同策划

合同策划是建筑工程合同签订前的最后一步,它涉及合同类型、双方权利义务、支付方式等多个方面的确定。根据项目的实际情况和市场需求,选择合适的合同类型(如总价合同、单价合同或成本加酬金合同等)。不同类型的合同具有不同的风险分配和激励机制,选择合适的合同类型有助于平衡双方利益。在合同中明确双方的权利和义务是确保合同顺利履行的关键。这包括工作范围、质量标准、交付时间等方面的约定,以确保双方在项目实施过程中有明确的责任界限。支付方式和时间节点的设定直接关系到双方的经济利益。通过合理设定支付条件确保资金的合理流动,降低财务风险。

二、合同条款的明确

(一)工程范围与工程量

工程范围与工程量是建筑工程合同的基石,其明确性直接关系到项目的实施效率和成本控制。工程范围应详尽描述项目的所有组成部分,包括但不限于结构、装饰、电气、管道等专业领域的工作内容。同时,工程量清单作为合同附件,应详细列出各项工程细目的数量,以便准确估算工程总价和进行后续的结算工作。通过精确界定工程范围和工程量,合同双方能够在项目实施过程中避免不必要的歧义和纠纷,从而确保项目的顺利推进。

(二)质量标准与验收方法

质量是工程项目的生命线,因此,在合同中明确质量标准和验收方法至关重要。质量标准应参照国家及行业相关规范、标准制定,确保工程质量的合规性。同时,验收方法应涵盖材料验收、过程验收和竣工验收等各个环节,明确验收的程序、标准和责任主体。通过严格执行质量标准和验收方法,合同双方能够共同把控工程质量,降低质量风险,确保工程安全交付使用。

(三)价格与支付方式

价格与支付方式是建筑工程合同中的经济纽带,直接关系合同双方的经济利益。价格条款应明确工程总价、单价及其构成,避免出现价格歧义。支付方式则应规定预付款、进度款和结算款的支付比例、时间节点及支付条件,确保资金流的顺畅和合理。合理的价格与支付方式安排能够平衡合同双方的利益诉求,激发承包人的工作积极性,同时保障发包人的资金安全。

(四)工期与进度

工期与进度是评价工程项目效率的重要指标,也是合同中需要严格把控的要素。工期条款应设定合理的总工期和关键节点工期,确保项目的整体进度可控。进度计划则应详细规划各阶段的工作量、完成时间和资源配置,为项目实施提供清晰的路线图。同时,合同中还应规定工期延误的违约责任和赔偿方式,以督促合同双方按时履行合同义务。通过科学合理的工期与进度安排,能够有效提升工程项目的实施效率,降低时间成本。

(五)变更与索赔

由于建筑工程项目的复杂性和不确定性,变更与索赔在合同履行过程中时有发生。因此,在合同中明确变更与索赔的处理方式和程序至关重要。变更条款应规定变更的提出、审批、实施和费用调整等流程,确保变更的合理性和可控性。索赔条款则应明确索赔的条件、程序、时限和争议解决方式,为合同双方提供有效的维权途径。通过规范变更与索赔的管理,能够减少项目实施过程中的争议和纠纷,维护合同的稳定性和权威性。

三、合同履行的监控

（一）进度监控

在建筑工程合同的履行过程中,进度监控作为项目管理的重要组成部分,对于确保项目按计划推进具有举足轻重的作用。进度监控的核心在于定期对项目的实际进度进行检查和评估,通过对比计划进度与实际进度,及时发现并纠正存在的偏差,从而保障项目能够按照预定的时间节点顺利完成。实施进度监控的过程中,应采用科学的方法和工具,如进度计划表、甘特图等,对项目的各阶段任务进行细化,并设定明确的时间节点。通过定期收集现场进度数据,与计划进度进行对比分析,准确掌握项目的实际进展情况。一旦发现进度滞后或存在潜在的风险因素,应立即组织相关人员进行深入剖析,查明原因,并针对性地制定调整措施。这些措施可能包括优化资源配置、改进施工工艺、加强现场协调等,旨在以最小的代价迅速恢复项目的正常推进节奏。此外,进度监控还应注重数据的积累和经验的总结。通过对历史项目的进度数据进行分析,提炼出影响进度的关键因素,为后续项目的进度计划制订提供有益的参考。同时,总结进度监控过程中的经验教训,不断完善监控方法和流程,有助于提高项目管理团队的整体水平和应对复杂情况的能力。

（二）质量监控

定期的质量检查和评估,可以及时发现并纠正施工过程中的质量问题,从而保障工程的安全性和耐久性。在实施质量监控时,应依据合同约定的质量标准和国家相关规范,制订详细的质量检查计划和流程。这包括明确检查的对象、内容、频次以及所采用的方法和工具等。通过定期对施工现场进行质量巡查,对关键工序和隐蔽工程进行重点监控,确保施工质量的全面受控。对于检查中发现的质量问题,应立即通知施工单位进行整改,并跟踪验证整改效果。同时,质量监控还应注重数据的分析和比对,通过对比历史数据和行业标准,找出质量波动的规律和趋势,为持续改进施工质量提供有力的数据支撑。此外,质量监控还应与进度监控、成本监控等紧密配合,形成协同作战的态势。在确保施工质量的前提下,通过优化施工流程和资源配置,实现进度和成本的双重控制,从而全面提升工程项目的综合效益。

(三)成本监控

成本监控目的在于实时追踪和分析项目的成本情况,确保项目成本始终控制在预算范围内,从而维护项目的经济效益和合同双方的利益。在实施成本监控时,首先要建立完善的成本监控体系,明确成本监控的目标、原则和方法。通过定期收集项目的成本数据,包括人工费、材料费、机械使用费等各项开支,与预算进行对比分析,及时发现成本超支或节约的情况。针对成本超支的问题,应深入剖析原因,可能是由于设计变更、材料价格上涨、施工进度延误等因素导致。在查明原因后,应立即制定相应的补救措施,如调整施工计划、优化材料采购策略等,以确保项目成本回归正常轨道。同时,成本监控还应注重事前控制和风险防范。在项目初期,对潜在的成本风险因素进行识别和评估,制定相应的预防措施,可以有效避免成本失控的情况发生。此外,成本监控还应与进度监控和质量监控紧密结合,确保在追求成本效益的同时,不损害项目的进度和质量。

(四)沟通协调

沟通协调是建筑工程合同履行过程中不可或缺的环节,它贯穿于项目的始终,对于确保项目的顺利进行具有重要意义。良好的沟通协调机制能够保障合同双方之间的信息传递畅通无阻,促进彼此之间的理解与合作,从而及时解决合同履行过程中出现的问题和纠纷。为了实现有效的沟通协调,首先应建立明确的沟通渠道和流程。这包括定期的会议制度、信息报告制度以及紧急情况下的联络机制等。通过这些渠道,合同双方可以及时了解项目的进展情况、存在的问题以及彼此的需求和期望,为共同解决问题奠定基础。在沟通过程中,应保持开放和坦诚的态度,尊重对方的意见和诉求,寻求双方都能接受的解决方案。同时,要善于倾听和理解对方的需求,避免误解和冲突的发生。通过对沟通过程进行记录,确保信息的准确性和可追溯性。而总结沟通协调的经验教训,则有助于不断完善沟通机制,提高沟通效率,为项目的顺利推进提供有力保障。

第三节　建筑工程合同中的造价条款与风险控制

一、建筑工程合同中的造价条款

(一)明确造价构成与计价方式

造价条款在建筑工程合同中占据着举足轻重的地位,它不仅是双方经济利益分配的重要依据,更是工程项目顺利推进的关键保障。首先,造价条款必须明确工程项目的造价构成,这一环节涉及直接费、间接费、利润和税金等诸多要素。直接费通常包括人工费、材料费、机械使用费等直接用于工程建设的费用;间接费则涵盖企业管理费、规费等与工程建设间接相关的开支;利润和税金则是基于工程造价计算得出的,反映了承包方的合理收益和国家税收制度的要求。在明确了造价构成之后,造价条款还应规定清晰、具体的计价方式。目前,常见的计价方式包括定额计价和清单计价两种。定额计价是根据国家或地方发布的定额标准,结合工程实际情况进行造价计算;而清单计价则是依据工程量清单,按照市场价格进行逐项计价。这两种计价方式各有特点,适用于不同类型的工程项目。在合同中明确计价方式,有助于双方对工程造价形成统一的认识和理解,避免因计价方式差异而引发的后续争议。此外,造价条款还应详细阐述各类费用的计算方法和标准。这包括各项费用的计量单位、计算公式、取费基数以及费率等关键信息。明确这些计算细节,可以确保工程造价的准确性和透明度,为双方在合同履行过程中的造价管理提供有力的依据。

(二)设定合理的变更与调整机制

建筑工程项目因其固有的复杂性和不确定性,使得在合同履行过程中设计变更、工程量调整等情况成为难以避免的现象。这些变更可能源于设计方案的优化、施工现场的实际情况、业主需求的变化等多种因素。因此,在造价条款中预先设定一套合理的变更与调整机制显得尤为重要。这一机制应明确界定变更的范围,包括哪些情况下的变更属于合理范畴,哪些情况可能引发额外的费用或时间调整。同时,机制中还应详细规定变更的程序,如提出变更申请、审批流程、实施变更的步骤等,确保流程的规范性和透明度。更为重要的是,造价条款需要清晰阐明造价调整的方法和原则。这包括但不限于变更后工程造价的计算方式、新增工程量的计价标准、材料价格波动的调整规则等。明确的调整方法和原则可以为双方在变更发生时提供明确的操作指南,减少因变更而产生的造价争议。通过这样的机制设计,当变更情况发生时,合同双方能够迅速依据预先设定的条款做出反应,有效地进行造价调整,从而避免因沟通不畅或规则不明而导致的纠纷和经济损失。

(三)规定支付方式与支付条件

支付条款在建筑工程合同的造价条款中占据着不可或缺的地位,其详细规定对于确保项目资金的合理流转和合同的顺利执行具有至关重要的作用。支付条款首先应明确工程款的各项支付方式,如预付款用于项目启动和初期准备,进度款则根据工程实际完成情况分阶段支付,而结算款则是在项目竣工后进行最终结算。这样的支付方式划分有助于实现资金的有效利用和风险的合理分担。同时,支付条件也是支付条款中的核心内容,必须予以详尽规定。这包括支付比例,即各阶段款项占合同总价的比例,以确保资金的合理分配;支付时间节点,明确各款项的支付时限,以保障资金的及时到位;以及支付依据,如工程量清单、质量验收报告等,确保支付行为的合规性和准确性。这些支付条件的明确设定,不仅有助于维护合同双方的权益,更能促进项目的平稳推进。此外,支付条款还应包含对违约责任的明确规定。在出现支付延误、支付不足等违约情况时,应明确相应的处罚措施和赔偿责任,以强化合同双方的履约意识,减少因支付问题引发的纠纷。

二、建筑工程合同中的风险控制

（一）识别与评估潜在风险

在建筑工程合同签订之前，双方必须进行深入且全面的风险识别与评估工作。这一步骤至关重要，因为它涉及工程项目的稳定性、经济效益及法律合规性等多个方面。风险识别与评估应涵盖多个维度，包括但不限于市场风险、技术风险、财务风险以及法律风险。市场风险主要源于外部环境的变化，如材料价格的波动和汇率的变动。这些变化可能直接影响工程项目的成本，因此必须对其进行密切关注。技术风险则与工程的设计和施工环节紧密相连，设计缺陷或施工难度的增加都可能导致工程进度的延误和成本的上升。财务风险主要体现在资金筹措的难易程度以及成本控制的有效性上。若资金筹措困难或成本超出预算，将对项目的经济效益产生直接影响。法律风险则主要涉及合同条款的明确性和相关规定的变化。合同条款的模糊可能导致双方在履约过程中产生争议，而相关规定的变化则可能影响合同的合法性和执行力。通过对这些潜在风险的深入剖析，双方可以更加清晰地了解项目可能面临的挑战，并为后续的风险控制措施提供有力的依据。这一过程不仅需要双方具备丰富的专业知识和敏锐的市场洞察力，还需要他们能够进行坦诚的沟通和协作，以确保风险得到有效的控制和管理。

（二）制定针对性的风险控制措施

在完成了对工程项目可能面临的风险进行全面识别与评估之后，合同双方应当根据风险评估的结果，精准制定相应的风险控制措施。这些措施必须具有针对性和实效性，以确保各类风险得到有效管理。针对市场风险，特别是材料价格波动和汇率变动等不确定性因素，双方可以通过在合同中设定价格调整条款来应对，这样可以在市场变化时灵活调整合同价格，保持经济利益的平衡。另外，采用固定总价合同也是一种有效的规避市场风险的方式，它锁定了工程总价，降低了因市场波动带来的成本风险。对于技术风险，发包方可以要求承包方在合同中提供详尽的技术方案和施工计划。这些方案和计划应涵盖施工流程、技术应用、质量控制等关键方面,以确保施工过程的科学性和规范性。同时,设定明确的技术指标和严格的验收标准,能够进一步保证工程质量,降低因技术问题引发的风险。在财务风险控制方面,建立严格的成本控制机制是关键。这包括制定详细的成本预算、实施成本监控以及定期进行成本分析等。此外,资金监管机制的设立也至关重要,它可以确保项目资金的合理使用和及时回笼,从而有效降低财务风险。

(三)建立风险分担与转移机制

建筑工程项目由于其固有的复杂性和多样性,使得风险成为伴随其始终的一个不可忽视的因素。尽管通过全面的风险评估和针对性的风险控制措施可以在一定程度上降低风险,但风险往往难以被完全消除。因此,建立一套合理的风险分担与转移机制显得尤为关键。在建筑工程合同中,双方必须清晰地界定各自所承担的风险范围和责任界限。这一步骤旨在确保风险事件发生时,能够迅速且准确地确定责任方,从而避免推诿和纠纷。通过明确风险分担,合同双方能够更加有针对性地制定风险管理策略,提高应对风险的能力。除了风险分担,风险转移也是降低单一方风险压力的有效手段。在合同中,双方可以通过引入第三方保险和担保机制来实现风险的转移。例如,购买工程保险可以将因自然灾害、意外事故等原因造成的损失转移给保险公司;而通过第三方担保,可以确保在承包方无法履行合同义务时,由担保人承担相应的责任。这些风险转移措施不仅有助于减轻合同双方的经济压力,还能提高项目的整体抗风险能力。当风险事件发生时,有第三方机构的支持和保障,能够更快速地恢复项目的正常进行,减少损失。

(四)强化合同履行过程中的风险监控与应对

在建筑工程合同的履行过程中,双方必须保持高度的警觉性和前瞻性,密切关注项目的进展情况和外部环境的变化。这是因为建筑工程项目往往面临着诸多不确定性因素,这些因素可能随时引发潜在风险,对项目的顺利实施构成威胁。为了及时发现并应对这些潜在风险,双方应建立一套完善的风险评估与监控机制。通过定期召开风险评估会议,双方可以共同审查项目的风险状况,评估各项风险控制措施的有效性,并根据实际情况调整风险管理策略。同时,实施风险报告制度能够确保风险信息的及时传递和全面共享,使得双方能够在第一时间掌握项目的风险动态,从而做出迅速而准确的反应。此外,对于突发的重大风险事件,双方应迅速启动应急响应机制。这一机制应包括紧急联络渠道的建立、应急资源的调配、风险应对措施的制定与实施等环节。通过快速而有效的应急响应,双方能够最大限度地减轻风险事件带来的损失,保障项目的稳定推进。

第四节　建筑工程合同的索赔与争议解决

一、索赔的定义与类型

索赔是指在合同履行过程中,由于对方违约或不可抗力等原因,导致一方遭受损失,进而向对方提出经济补偿或时间延长等要求的行为。在建筑工程合同中,索赔通常分为以下几种类型:

(一)工期索赔

工期索赔,是指在建筑工程合同履行过程中,由于发包方的原因导致工程无法按照原定计划进行,从而造成工程延期,此时承包方有权向发包方提出索赔,要求延长合同约定的工期。这种索赔的实质是对时间损失的补偿,以确保承包方能够在合理的时间内完成工程任务。工期索赔的触发条件通常包括但不限于发包方未能及时提供施工场地、设计图纸延误、设计变更频繁、支付工程款滞后等。这些因素直接影响了承包方的施工进度,进而可能导致工程延期交付。在提出工期索赔时,承包方需要提供充分的证据,如施工日志、进度计划与实际对比图等,以证明工期延误的实际情况和原因。工期索赔的成功与否,往往取决于合同条款的明确性、双方协商的态度以及索赔程序的合规性。一旦索赔成立,发包方通常需要给予承包方相应的时间补偿,以确保工程能够顺利且公平地进行。

(二)费用索赔

费用索赔是指在建筑工程合同履行过程中,因发包方未能按照合同约定提供必要条件,或因设计变更、工程量增加等非承包方原因导致承包方实际施工成本增加时,承包方向发包方提出的经济补偿要求。这种索赔的目的是为了弥补承包方因非自身原因而额外承担的费用支出。费用索赔的情况多种多样,例如发包方未按时提供施工材料或设备,导致承包方需要自行采购并承担额外费用;或者设计变更导致工程量增加,进而造成承包方的人工、材料和管理成本上升。在提出费用索赔时,承包方必须提供详细的费用清单和计算依据,以证明其索赔的合理性和准确性。发包方在接到费用索赔请求后,应进行认真审核,并与承包方进行充分协商。如果索赔请求合理且符合合同约定,发包方应给予相应的经济补偿,以确保合同的公平性和顺利履行。

(三)利润索赔

利润索赔是指在建筑工程合同履行过程中,因发包方的原因导致承包方无法按计划完成工程,从而造成预期利润损失时,承包方向发包方提出的索赔要求。这种索赔的目的是为了补偿承包方因工程延误或中断而导致的潜在利润损失。利润索赔通常发生在工程严重延误或被迫中断的情况下,如发包方资金链断裂导致工程停工、制度变化使得工程无法继续进行等。在这些情况下,承包方不仅面临实际成本的增加,还可能丧失原本可获得的利润。因此,承包方有权向发包方提出利润索赔,以弥补其因对方违约而遭受的经济损失。在提出利润索赔时,承包方需要提供充分的证据来证明其预期利润的合理性以及损失的实际发生。这通常包括市场调研报告、历史项目数据对比、专业的利润预测分析等。发包方在评估利润索赔请求时,应综合考虑各种因素,如市场变化、行业惯例以及合同条款等,以做出公正且合理的决策。

二、索赔的程序与要求

(一)索赔意向通知

当承包方在合同履行过程中发现潜在的索赔事件时,必须立即以书面形式向发包方发出索赔意向通知。此通知的及时性至关重要,因为它不仅表明了承包方对索赔权利的积极维护,也为后续的索赔程序奠定了基础。在索赔意向通知中,承包方应明确阐述索赔的意向和事由。具体而言,通知应包含对索赔事件的详细描述、发生的时间和地点,以及导致索赔的初步原因分析。此外,承包方还应表明其希望通过协商或其他合法手段解决索赔问题的意愿。索赔意向通知的发出,不仅是对发包方的一种正式告知,更是承包方积极行使合同权利、保护自身合法权益的重要步骤。通过这一环节,承包方能够及时向发包方传递索赔信息,为后续的索赔工作铺平道路。

(二)提交索赔报告

在发出索赔意向通知后,承包方应在规定的时间内向发包方提交一份详细、完整的索赔报告。这份报告是承包方主张索赔权利的重要依据,也是发包方审核索赔请求的主要参考。索赔报告应包含以下几个关键要素:首先,报告应明确列出索赔的依据,即合同条款、相关规定或行业惯例等支持承包方索赔权利的相关规定。其次,报告应详细阐述索赔的理由,包括对索赔事件的深入分析、损失的计算方法以及索赔金额的合理性说明。此外,承包方还应提供与索赔相关的证据材料,如施工日志、现场照片、专家评估报告等,以证明其索赔请求的正当性和合理性。在提交索赔报告时,承包方应确保报告的准确性和完整性。任何虚假陈述或遗漏都可能对索赔结果产生不利影响。同时,承包方还应注意报告的提交时限,确保在规定的时间内完成报告的编制和提交工作。

(三)索赔的审核与协商

在收到承包方提交的索赔报告后,发包方应尽快组织专业人员对报告进行审核。审核的目的在于确认索赔事件的真实性、分析索赔理由的合理性以及评估索赔金额的适当性。在审核过程中,发包方有权要求承包方提供进一步的证据材料或解释说明。同时,发包方也应秉持公正、客观的态度,对索赔报告进行全面、细致的审查。审核完成后,发包方应就审核结果及时与承包方进行沟通,并就是否接受索赔请求以及索赔金额的大小等问题进行协商。协商是解决索赔争议的重要途径。在协商过程中,双方应本着互谅互让、平等自愿的原则,寻求互利共赢的解决方案。如果协商达成一致意见,双方应签订书面的索赔处理协议,明确各自的权利和义务。如果协商未能取得一致意见,双方可以考虑通过仲裁或诉讼等法律途径解决争议。

三、争议产生的原因

(一)合同条款不明确或歧义导致的分歧

在建筑工程合同中,条款的明确性和精确性对于双方的权益至关重要。然而,当合同条款表述模糊、不具体或存在多种解读可能性时,便可能引发双方对各自权利和义务理解的分歧。这种歧义可能源于合同起草时的疏忽,也可能是因为双方对某些专业术语或行业惯例的理解不一致。当这种情况发生时,双方往往会根据自己的利益和需求来解读合同,从而导致争议的产生。为了避免此类争议,合同双方应在签订前对合同条款进行细致入微的审查和讨论,确保每一项条款都清晰明了,无歧义。必要时,可邀请专业法律人士或行业专家进行协助,以确保合同的严谨性和可执行性。

(二)发包方未能按约履行义务

发包方在建筑工程合同中扮演着至关重要的角色,其能否按照合同约定履行义务直接影响工程的进度和质量。然而,在实际操作中,发包方可能会因各种原因未能及时支付工程款、未提供必要的施工条件等,从而构成违约。这种违约行为不仅会影响承包方的正常施工,还可能导致工程延期、质量下降等一系列问题。为了防范此类风险,发包方应严格遵守合同约定,确保资金到位、施工条件具备。同时,承包方也应在合同中明确约定违约责任和赔偿机制,以便在发包方违约时能够及时采取措施,维护自身权益。

(三)承包方的违约行为

与发包方相对应,承包方在施工过程中也可能出现违约行为,如工程质量不达标、工期延误等。这些违约行为同样会对工程的整体进度和质量造成不良影响,甚至可能引发安全事故。因此,承包方必须严格按照合同约定进行施工,确保工程质量和工期符合要求。为了提高承包方的履约能力,发包方可以在合同中设置相应的奖惩机制,对承包方的施工质量和进度进行监督和激励。同时,承包方也应加强自身管理,提升技术水平,确保工程的顺利进行。

(四)不可抗力因素导致的合同履行受阻

不可抗力因素,如自然灾害、制度变化等,是建筑工程合同中无法预见和避免的外部风险。当这些风险发生时,可能会导致工程停工、材料供应中断等一系列问题,从而使合同履行受阻。为了应对这些不可抗力因素,合同双方应在签订前对可能出现的风险进行充分评估,并在合同中明确约定相应的应对措施和责任分担机制。这样不仅可以降低风险带来的损失,还可以确保双方在风险发生时能够迅速做出反应,保障工程的顺利进行。

四、争议的解决方式

(一)协商

在双方出现分歧或争议时,通过坐下来进行友好、平等的对话,共同寻找问题的症结所在,往往能够达成共识并解决争议。这种方式不仅成本相对较低,避免了不必要的法律费用和时间消耗,而且更有助于维护双方长期建立的合作关系。在协商过程中,双方可以充分表达各自的诉求和关切,通过摆事实、讲道理的方式,增进彼此的理解和信任,从而为争议的妥善解决奠定坚实基础。

(二)调解

当协商无法取得预期效果时,调解便成为一种有效的补充手段。调解是指在第三方调解机构的协助下,争议双方就分歧问题进行深入沟通,并努力寻求双方都能接受的解决方案。与协商相比,调解的优势在于其客观性和中立性。调解机构作为独立的第三方,能够秉持公正、公平的原则,为双方提供中肯的建议和意见,帮助双方打破僵局,推动争议的妥善解决。虽然调解结果通常不具有法律上的强制执行力,但它为双方提供了一个协商的基础和框架,有助于双方进一步缩小分歧,达成共识。

(三)仲裁

仲裁作为一种替代性争议解决机制,在建筑工程合同争议处理中发挥着重要作用。当协商和调解无法奏效时,双方可以选择将争议提交给专业的仲裁机构进行裁决。仲裁的优点在于其高效性、灵活性和保密性。仲裁程序通常较为简洁明了,能够根据双方的需求和实际情况进行灵活调整,确保争议得到及时有效的处理。同时,仲裁结果具有法律效力,对双方具有强制约束力,从而确保了争议解决的权威性和有效性。此外,仲裁过程中的信息和资料都受到严格保护,有助于维护双方的商业利益和声誉。

(四)诉讼

当协商、调解和仲裁都无法解决争议时,双方可以选择通过法律途径向法院提起诉讼。诉讼的优势在于其权威性和强制执行力。法院作为国家的司法机关,其判决具有最高的法律效力,双方必须严格遵守和执行。然而,诉讼也存在一些明显的弊端,如成本较高、耗时较长等。诉讼过程中需要支付昂贵的律师费用、诉讼费用等,且案件审理周期通常较长,可能给双方带来沉重的经济负担和时间压力。

第五节 建筑工程合同管理与造价管理的协同作用

一、成本预算

(一)预算与成本估算

在建筑工程项目的投资决策阶段的核心任务是通过编制详尽的投资估算,对拟建项目的整体投资效果进行科学预测和全面分析。投资估算不仅是对未来项目成本的初步预测,更是对项目经济效益和可行性的重要评估依据。

通过综合运用经济学、统计学以及行业数据等多种方法和工具,投资估算能够较为准确地反映出项目从启动到完成所需的全部费用,包括但不限于土地购置费、建设安装费、设备购置费以及运营维护费等。投资估算的编制过程需充分考虑项目的规模、技术难度、市场环境以及制度导向等多重因素,以确保其准确性和可靠性。通过对比分析不同投资方案的成本效益,决策者可以更加清晰地认识各方案的经济性和可行性,从而做出更加明智的投资决策。此外,投资估算还为项目的融资、资金规划以及风险管理提供了重要参考,有助于确保项目在资金层面上的稳健运行。造价管理在这一过程中发挥着不可或缺的作用。它运用科学、技术原理和方法,对建筑工程造价进行全过程、全方位的监控和管理。造价管理的目标是在确保工程质量的前提下,通过优化资源配置、降低不必要的成本开支,实现最大的投资效益。这要求造价管理人员不仅要具备扎实的专业知识,还要对市场动态、制度变化以及技术进步保持高度敏感,以便及时调整造价策略,确保项目成本控制在合理范围内。

（二）合同约束与成本控制

建筑工程合同作为项目实施的法律依据,明确规定了发包人与承包人之间的权利和义务关系。其中,付款方式、工程变更、违约责任等条款对于造价管理而言具有特别重要的意义。付款方式条款确保了资金流的合理安排,既避免了发包人因资金问题导致的工程进度受阻,也保障了承包人能够及时获得应有的报酬。工程变更条款则规定了项目在实施过程中可能出现的设计调整、工程量增减等情况的处理方式,为造价管理提供了灵活的应对机制。违约责任条款则是对双方行为的一种有效约束。它明确了在合同履行过程中,任何一方违反合同约定所应承担的法律责任和经济赔偿。这一条款的存在,不仅增强了合同的严肃性和执行力,还有效避免了因违约行为而导致的成本失控和工期延误。合同管理,可以确保合作方严格按照合同规定履行各自的职责和义务,从而有效控制项目成本,确保项目的顺利实施和经济效益的最大化。

二、资源分配

(一)资源需求与成本估算

在建筑工程项目的实施过程中,资源需求与成本估算构成了项目管理的核心要素。项目经理作为项目的直接负责人,必须全面把握项目所需的各种资源,包括人力资源、材料、设备以及时间等,以确保项目能够按照既定的计划顺利推进。这一过程中,项目经理需与造价师紧密合作,共同完成项目资源的合理配置与成本控制。造价师作为专业的成本控制专家,能够基于丰富的市场经验和专业知识,为项目经理提供详尽的资源成本和可用性信息。他们通过对市场价格的深入分析、材料供应情况的准确把握以及设备租赁成本的合理预估,为项目经理提供了科学、准确的成本数据。这些数据不仅有助于项目经理更加清晰地了解项目的整体成本构成,还能为其在资源分配时提供有力的决策支持。在资源需求与成本估算的过程中,项目经理与造价师的协同合作至关重要。项目经理负责整体项目的规划与协调,而造价师则提供专业的成本控制建议。两者相互补充,共同确保项目资源的合理配置与成本的有效控制。这种协同合作模式不仅提高了项目管理的效率,还有助于降低项目成本,提升项目的整体经济效益。

(二)合同管理在资源分配中的作用

在建筑工程项目的资源分配过程中,合同管理发挥着至关重要的作用。合同作为连接项目各方利益的纽带,明确规定了资源的供应方、数量、质量、价格等关键信息。这些条款为项目经理提供了准确的资源分配依据,确保了项目所需资源的及时、准确供应。合同中的条款和条件不仅是对资源供应方的约束,更是对项目经理的保障。通过明确资源的供应时间、地点、数量以及质量标准,合同能够确保资源供应方按照约定的条件提供资源,从而避免了因资源供应不足或质量不达标而导致的项目延误或成本增加。同时,合同中的违约责任条款也为项目经理提供了保障,一旦资源供应方违反合同约定,项目经理可以依据合同条款追究其责任,维护项目的合法权益。

三、风险管理

(一)风险识别与评估

在建筑工程项目的复杂环境中,风险如同暗流涌动,时刻威胁着项目的顺利进行。技术风险、法律风险、环境风险以及财务风险等交织在一起,构成了项目管理的严峻挑战。为了有效应对这些风险,项目经理与造价师必须携手合作,共同进行风险的识别与评估。项目经理凭借其丰富的项目管理经验和敏锐的洞察力,识别出项目中潜在的技术风险和环境风险。他们通过对项目计划、施工图纸、施工方案等的深入剖析,发现可能存在的技术难题和安全隐患。造价师则以其专业的成本控制和财务分析能力,对项目的财务风险进行识别与评估。他们通过对项目预算、资金流动、成本构成等的细致分析,预测可能出现的资金短缺、成本超支等财务风险,并评估这些风险对项目整体经济效益的潜在影响。项目经理与造价师的协同合作,使得项目风险得以全面、准确地识别与评估。他们共同制定风险清单,对各项风险进行优先级排序,并评估其发生的可能性和影响程度。这一过程为项目管理者提供了宝贵的决策依据,有助于他们制定针对性的风险应对策略,确保项目的顺利进行。

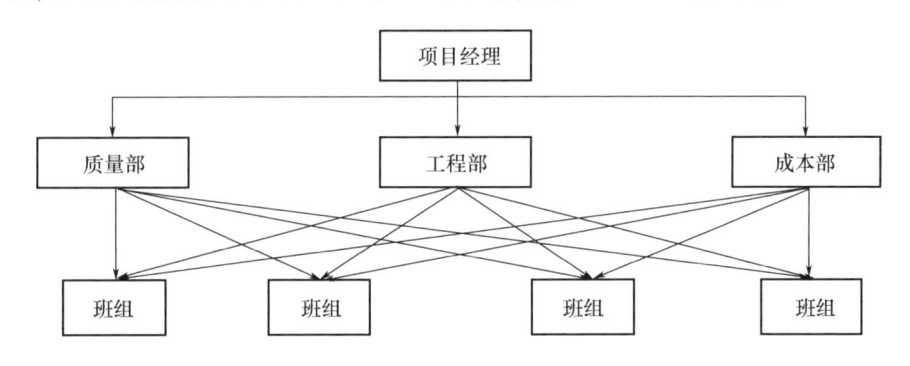

图 9-2 项目经理部门组织

(二)合同管理与风险应对

合同作为项目各方利益的契约保障,明确规定了风险的责任方和应对措施。通过合同管理,项目经理能够确保风险责任得到明确划分,各方按照合同规定承担相应的风险责任。合同中的条款和条件为风险应对提供了具体的法律依据。例如,针对技术风险,合同可以规定技术方案的审核与验收标准,确保技术难题得到及时解决;针对财务风险,合同可以设定资金支付的节点和条件,防范资金短缺和成本超支的风险。这些条款和条件的设置,使得项目各方在风险应对过程中有法可依、有章可循。同时,合同管理还通过约束双方按照合同规定履行风险应对责任,减轻了风险对项目的不利影响。一旦风险发生,合同双方可以依据合同条款进行协商和解决,避免了因责任不清而导致的纠纷和延误。这种以合同为基础的风险应对机制,为项目构建了一道坚实的风险防控屏障,确保了项目的稳健推进和成功实施。

四、项目绩效改进

(一)绩效分析与改进

在建筑工程项目的生命周期中,绩效分析与改进是确保项目成功、提升项目效率的关键环节。项目管理与造价管理的协同作用,为这一过程的实施提供了强有力的支撑。项目团队通过融合两者的专业知识与技能,能够深入剖析项目的执行情况,精准识别项目执行过程中的问题与潜在机会。项目经理以其全面的项目管理视角,负责监控项目进度、质量、成本等关键绩效指标,及时发现项目执行中的偏差与不足。而造价师则运用其专业的成本控制与财务分析能力,对项目的成本效益进行深入剖析,揭示成本超支或效率低下的根本原因。两者通过紧密合作,共同制订针对性的改进计划,旨在优化项目流程、降低成本、提升质量,从而确保项目目标的实现。这种协同探索不仅促进了项目团队内部的学习与成长,还推动了项目绩效的持续改进。项目团队在每次绩效分析后,都能根据改进计划调整策略,优化资源配置,提高项目执行效率。这种循环迭代的过程,使得项目绩效在不断地反馈、调整与优化中得以提升。

(二)合同管理在绩效改进中的作用

合同管理不仅确保了项目团队按照合同规定履行职责与义务,还为绩效评估与改进提供了明确的法律依据。合同中的条款与条件,如质量标准、工期要求、成本限额等,构成了项目绩效的基准线,为项目团队设定了清晰的目标与期望。通过合同管理,项目团队能够依据合同条款进行绩效评估,客观、公正地评价各方的工作成果。同时,合同中的奖惩机制也为项目团队提供了激励与约束。对于绩效优秀的团队或个人,合同可以规定相应的奖励措施,以激发其工作积极性与创造力;对于绩效不佳的团队或个人,合同则通过明确的违约责任与处罚条款,促使其及时纠正问题,改进工作表现。这种约束与激励并重的合同管理机制,有效促进了项目绩效的持续提升。它使得项目团队在追求自身利益的同时,也更加注重项目整体目标的实现,从而形成了项目绩效改进的良性循环。通过合同管理,项目团队能够不断总结经验教训,优化项目执行策略,确保项目在质量、成本、进度等方面均达到或超越预期目标。

参 考 文 献

[1] 王胜.建筑工程质量管理[M].北京:机械工业出版社,2021.

[2] 巫英士,朱红梅,王仪萍.建筑工程质量管理与检测[M].北京:北京理工大学出版社,2017.

[3] 赵海成,蒋少艳,陈涌.建筑工程 BIM 造价应用[M].北京:北京理工大学出版社,2020.

[4] 赵媛静.建筑工程造价管理[M].重庆:重庆大学出版社,2020.

[5] 唐明怡,石志锋.建筑工程造价[M].北京:北京理工大学出版社,2017.

[6] 荆澜. BIM 技术在建筑工程施工质量管理中的应用[J]. 建材发展导向,2024,22(22):10-12.

[7] 黄雪峰. EPC 总承包模式下建筑工程项目管理研究[J]. 中国建筑装饰装修,2024,(20):151-153.

[8] 王宏君,张烽民,王刚,张安生. 建筑工程施工技术及质量控制策略研究[J]. 中国建筑装饰装修,2024,(20):154-156.

[9] 谢忱. 建筑材料质量管理控制工作研究[J]. 居业,2024,(10):215-217.

[10] 周东亚. 建筑工程施工质量控制关键技术研究[J]. 城市建设理论研究(电子版),2024,(29):136-138.

[11] 蒋志辉. 建筑工程造价成本动态管理的探讨[J]. 广东土木与建筑,2024,31(10):93-95.

[12] 蓝文娟. 建筑工程造价的动态管理路径研究[J]. 工程建设与设计,2024,(18):245-247.

[13] 袁光友. 建筑工程项目质量控制和管理影响因素研究[J]. 建筑经济,2024,45(S1):205-208.

[14] 赵培毅. 建筑工程全过程造价控制及合同管理研究[J]. 四川建材,

2024, 50 (05): 210-211+214.

[15] 沈建建. 建筑工程造价预、结算与建筑施工成本控制的关系探究 [J]. 建设机械技术与管理, 2023, 36 (06): 106-108.

[16] 李汶芊. 新形势下建筑工程造价合同管理及风险防范 [J]. 房地产世界, 2023, (15): 100-102.

[17] 舒灿. 建筑工程造价构成要素及管理策略研究 [J]. 中国建筑金属结构, 2023, 22 (07): 156-158.

[18] 李伟. 建筑工程造价控制中合同管理的规范化路径研究 [J]. 质量与市场, 2023, (13): 193-195.

[19] 祝萍. 建筑工程质量与工程造价的关系及优化 [J]. 中国建筑装饰装修, 2022, (11): 144-146.

[20] 刘兴远, 武志刚, 夏阳. 建筑工程施工质量检测工作中若干问题探讨 [J]. 重庆建筑, 2022, 21 (02): 29-31.

[21] 宋昊澄. 探究建筑工程检测重要性及其要点 [J]. 四川水泥, 2020, (09): 341-342.

[22] 张飞龙. 建筑工程检测新技术的应用与发展 [J]. 科技风, 2020, (09): 127.

[23] 刘长勇. 建筑造价管理与工程质量的统一性分析 [J]. 住宅与房地产, 2019, (24): 33.

[24] 王志军. 探讨建筑工程造价的动态管理与控制 [J]. 居业, 2019, (06): 167-168.

[25] 舒李盛. PDCA 循环管理模式在工程建设安全管理中的运用分析 [J]. 中华建设, 2024, (12): 40-42.

[26] 陈依逯. 房建 EPC 模式下建筑工程质量管理措施分析 [J]. 中国建筑金属结构, 2024, 23 (11): 141-144.

[27] 马耀. 建筑工程质量管理的问题及对策研究 [J]. 产品可靠性报告, 2024, (11): 39-40.

[28] 许达佳. 建筑材料质量管理控制工作研究 [J]. 居舍, 2024, (34): 53-55.